特种建（构）筑物建造安全控制技术丛书

村镇社区公共卫生工程安全设计

胡 炘　李 勤　吴思美　李慧民　著

北 京
冶 金 工 业 出 版 社
2021

内 容 提 要

本书系统阐述了村镇社区公共卫生工程安全设计的基础理论与设计方法。全书共6章，第1章主要探讨了安全设计的基本理念与内涵，第2~6章分别阐述了卫生厕所、粪便处理、污水处理、垃圾处理、生态修复工程安全设计的要点与方法，并附有大量的建筑施工图例。

本书可供从事村镇社区公共卫生工程安全建设的工程技术人员阅读，也可作为高等院校建筑学、土木工程、环境工程等专业的教学用书及相关企业的培训教材。

图书在版编目(CIP)数据

村镇社区公共卫生工程安全设计/胡炘等著. —北京：冶金工业出版社，2021.3

（特种建（构）筑物建造安全控制技术丛书）

ISBN 978-7-5024-7605-2

Ⅰ.①村… Ⅱ.①胡… Ⅲ.①乡村—公共卫生—安全设计—建筑设计 Ⅳ.①TU246.1

中国版本图书馆 CIP 数据核字（2021）第071190号

出 版 人 苏长永
地　　址 北京市东城区嵩祝院北巷39号 邮编 100009 电话 (010)64027926
网　　址 www.cnmip.com.cn 电子信箱 yjcbs@cnmip.com.cn
责任编辑 杨 敏 美术编辑 彭子赫 版式设计 禹 蕊
责任校对 卿文春 责任印制 李玉山
ISBN 978-7-5024-7605-2
冶金工业出版社出版发行；各地新华书店经销；北京中恒海德彩色印刷有限公司印刷
2021年3月第1版，2021年3月第1次印刷
169mm×239mm；10.5印张；200千字；155页
65.00元

冶金工业出版社 投稿电话 (010)64027932 投稿信箱 tougao@cnmip.com.cn
冶金工业出版社营销中心 电话 (010)64044283 传真 (010)64027893
冶金工业出版社天猫旗舰店 yjgycbs.tmall.com
（本书如有印装质量问题，本社营销中心负责退换）

《村镇社区公共卫生工程安全设计》

编写（调研）组

组　长：胡　炘

副组长：李　勤　吴思美　李慧民

成　员：王　川　于光玉　龚建飞　王　蓓

郭晓楠　高明哲　李文龙　刘怡君

周　帆　邸　巍　崔　凯　田　卫

贾丽欣　张　扬　梁晓农　郭　平

柴　庆　牛　波　王　楠　王　莉

前　言

村镇社区公共卫生设施是保障村镇社区居民健康、提升村镇社区居民生活质量、促进村镇社区经济发展、维护村镇社区稳定的基础之一。本书从村镇社区公共卫生工程安全设计的基础理论出发，对村镇社区公共卫生实施方法进行梳理，从六个方面展开针对村镇社区公共卫生设施的研究。为方便读者阅读与实践，书中还配有翔实的图例，对村镇社区公共卫生设施加以说明。

全书共分为6章。第1章从村镇社区公共卫生工程建设理论出发，介绍了公共卫生工程基础理念、发展现状、建设特征等；第2章为卫生厕所工程，详细介绍了结构建筑工程与器具安装工程的相关规范与工艺要点，并配以图例阐述了卫生厕所工程的设计特点；第3章为粪便处理工程，详细介绍了沼气池工程与化粪池工程的相关规范与工艺要点，并使用图例阐述了沼气池工程与化粪池工程的设计特点；第4章为污水处理工程，详细介绍了污水处理工程与污水排放工程的相关规范与工艺要点，并使用图例阐述了污水处理工程与污水排放工程的设计特点；第5章为垃圾处理工程，详细介绍了垃圾分类工程与垃圾处理工程的相关规范与工艺要点，并使用图例阐述了垃圾处理工程的设计特点；第6章为生态修复工程，详细介绍了土壤修复工程、林业修复工程与水体修复工程的目标、原则与方法，探讨了生态修复工程的设计要点。

本书内容所涉及的研究得到了住房和城乡建设部2018年科学

技术项目（批准号：2018-K2-004）、北京市社会科学基金（批准号：18YTC020）、北京建筑大学未来城市设计高精尖创新中心资助项目（批准号：udc2018010921）、北京市教育科学“十三五”规划2019年度课题项目（CDDB19167）、中国建设教育协会课题（2019061）的支持，此外在编撰过程中还得到西安建筑科技大学、北京建筑大学、西安高新硬科技产业投资集团有限公司、陕西省建设标准设计站的支持与帮助。在撰写中还参考了许多专家和学者的有关研究成果及文献资料，在此一并向他们表示衷心的感谢。

由于作者水平有限，书中不足之处，敬请广大读者批评指正。

作　者

2021年元月

目　录

1　公共卫生工程建设概论

1.1　基础理念与主要内涵

1.1.1　基础理念

由于全球经济的高速发展，所引发的各种环境污染问题越来越严重，尤其是时而发生的重大环境问题，使得人类的生存环境受到了严重的影响。全球多数地区和国家都已经意识到环境污染对人类生存的危害性，对于保护环境的话题，也越来越受到全球多数地区和国家的重视。特别是最近数十年来，复杂多变的生态环境污染问题正在加剧影响人类的生存环境，并在不断地恶化人类的生存环境。前些年，在我国一些大型城市所出现的严重雾霾天气、空气污染等问题，引发了民众广泛的关注。生存环境的恶化，已经越来越严重地影响到人们的正常工作、生活与学习，使人们深刻地认识到保护生态环境的迫切性。

公共卫生的内容包括：环境卫生、食品卫生、学校卫生、劳动卫生等。本书重点研究的方向是公共卫生中的环境卫生，即公众日常生活场所的环境卫生。所谓环境卫生，就是揭示环境卫生对人类健康影响的发生及发展规律，研究人类健康与自然环境、生存环境间的密切关系，充分利用环境有利的方面，并遏制其不利的方面，提出相关的卫生要求，从而整体上提高人类的健康水平。环境卫生学是一门多学科相互交叉的学科，包括环境科学、预防医学等学科，覆盖的研究领域较为广泛，包括人类对于环境不利方面反应的特点、人与生存环境及生态环境的特征、环境与有机体的相互影响等。近年来与环境有关的相关疾病发病率呈上升趋势，环境污染与癌变、环境污染与公众疾病、生态微量元素与人类化学性疾病等联系越加紧密。因此维护公共卫生环境就必须从保障卫生设施卫生，修复水质环境卫生、土壤环境卫生等方面入手。

退化生态系统是指生态系统在自然或人为干扰下形成的偏离自然生态状态的生态系统。与自然生态系统（未退化生态系统）相比，退化生态系统出现种类组成、群落或系统结构改变，生物多样性减少、生物生产力减低、土壤和微生物恶化、生物间相互关系改变等现象。

恢复生态学是在全球环境污染、森林破坏、水土流失、荒漠化等生态环境退化问题已严重威胁到人类生存和社会经济持续发展的背景下，应运而生的关于退化生态系统恢复的应用生态学的分支学科。恢复生态学主要研究退化生态系统的恢复和重建理论和技术，是修复被人类损害的原生生态系统的多样性及动态的过程。生态恢复是帮助研究生态整合性的恢复和管理过程的科学，生态整合性包括生物多样性、生态过程和结构、区域及历史情况、可持续的社会实践等广泛的范围。

退化生态系统恢复的可能发展方向有很多种，但总的可以将这些方向概括成以下三种稳定状态：未退化的、部分退化（包括轻度和中度退化）、高度退化的。针对以上三种稳定状态，退化生态系统的恢复和重建一般可采用两种模式：第一是当生态系统受损没有超过临界阈值，在干扰和压力消除后，恢复可以在自然过程中发生；另一种是系统受到过度干扰，系统发生了不可逆变化，仅靠自然过程无法将系统恢复到初始状态，必须加以人工措施才能迅速恢复。前一种模式是最大限度地降低人为干扰程度，使原生生态系统保留部分自行演替，自然恢复；此方法简单易行，成本较低，但所需时间较长，跨度可达数十年到几个世纪，而且只适用于处于部分退化的生态系统。另一种方法是通过人为介入，模拟自然恢复过程，人为创造适当条件，在短时间内实现生态恢复。比较而言后一种方法更为行之有效，但是这其中也存在一个问题，就是必须清楚不同生态系统的恢复规律，找出其中左右恢复进程的关键性因子，才能人为创造条件促进恢复。一个复合生态系统，在遭到强度干扰、严重受损的情况下，若不及时采取措施，受损状态就会进一步加剧，直至自然恢复能力丧失并长期保持受损状态。

生态恢复包括人类的需求观、生态学方法的应用、恢复目标和评估成功的标准，以及生态恢复的各种限制（如恢复的价值取向、社会评价、生态环境等）等基本成分。生态恢复是通过排除干扰、加速生物组分的变化和启动演替过程使退化生态系统恢复到某种理想的状态。在生态恢复过程中首先是建立生产者系统即植被，由生产者固定能量，并通过能量驱动水分循环，水分带动营养循环。在生产者系统建立的同时或稍后再建立消费者、分解者系统和微生境。

对受损生态系统进行生态修复，其主要步骤为：停止或减缓使生态系统受损的干扰；对受损生态系统的受损程度、受损等级、可能修复的前景等进行调查和评价；根据对受损生态系统的调查结果，提出生态系统修复的规划，并进行具体修复措施的设计；根据规划要求和设计方案，实施受损生态系统的修复措施，包括生态系统组成要素、生态系统结构和功能的修复；最后是对被修复生态系统及时地进行动态监测，以便及时评价修复效益，发现并解决修复工作的问题。

1.1.2 主要内涵

卫生设施是包含垃圾、粪便、生活污水、大气降水（含雨、雪水）径流和其他弃水的收集、输送、净化、利用和排放的综合设施。污水处理设施用于收集各种污水，包括生活污水、工业废水和降水，并将污水输送到适当地点，经处理达标后排放或再利用，包括管网、泵站、污水处理厂等。粪便处理设施用于收集粪便，并将粪便输送到适当地点，经处理达标后排放或再利用。垃圾处理设施用于收集各种垃圾，并将垃圾输送到适当地点，经处理达标后填埋或再利用。卫生设施作为村镇基础设施的重要组成部分，是村镇赖以生存和发展的重要物质基础。卫生设施是否完好，功能是否健全，运行是否顺畅，直接关系到人民生活质量、关系到经济和社会的可持续发展。

当前，生态保护与可持续利用备受重视，相应的雨污水设施也应越来越完善。从环保方面看，卫生设施能够有效消除污物与垃圾对土壤、水体与植被的危害。随着村镇的发展，污物与垃圾产量逐渐上升，污物与垃圾中的成分也越趋复杂，由于污物与垃圾处理不当而造成的环境污染问题频繁发生。随着城市工业化的发展，20 世纪 60 年代以后，曾发生过多起轰动世界的公害事件。

中国是世界上水资源短缺问题最严重的 13 个国家之一，其淡水储量仅为全球淡水储量的 6%，且水资源分布不均。当前我国农村地区每天排放污水中含有 860 万吨 COD、530 万吨 BOD、96 万吨总氮、14 万吨总磷。由于缺乏保护意识，诸多农村地区极为缺乏卫生设施的建设，进而导致大量未经处理的粪便、污水与垃圾直接排放到周边环境之中。这些污染物通过渗透污染地下水资源，或直接进入周边水体，威胁村镇地区生态安全，破坏居民饮用水质。大部分村镇地区仍旧直接取用浅层地下水。这就使得村镇居民在直接将污水、粪便与垃圾排放到生态环境之中的同时，也是这一举动最直接的受害人。因此我国村镇地区亟需解决卫生设施的生态发展问题，从而有效地遏制当前村镇地区污物对生态环境造成的压力，以及对村镇居民公共健康的威胁。水利部 2017 年发布的《中国水资源公报》中的数据显示，当前仅有 24%的浅层地下水能够达到良好及以上标准，如图 1-1 所示。

从卫生方面看，完善村镇卫生设施是对人民健康生活的有力保障。一般情况下，污水、粪便与垃圾对人们健康的危害具有以下两种方式：一是水体污染后，水中含有病害物质而使病害扩散；二是被污染的水中含有毒物质，从而引起人们急性或慢性中毒，甚至引起癌症或其他各种公害病。

从保障公共安全方面看，村镇卫生设施对公共安全具有举足轻重的意义。首先，村镇卫生设施是防止村镇水环境受到污染、保护水体环境的第一道防线。污水、粪便与垃圾输送及有效处理与顺利排放，是村镇居民正常生产生活的基本保障。倘若污水、粪便与垃圾没有经过有效处理，直接排入环境，将会对土壤、水体与植被造成严重影响，破坏生态系统，造成农作物减产等问题。其次，污水、粪便与垃圾经处理后可一定程度转化为资源进行循环利用。如处理后污水可以用在农业灌溉，处理后粪便可以用于施肥。由此可以在很大程度上实现资源的循

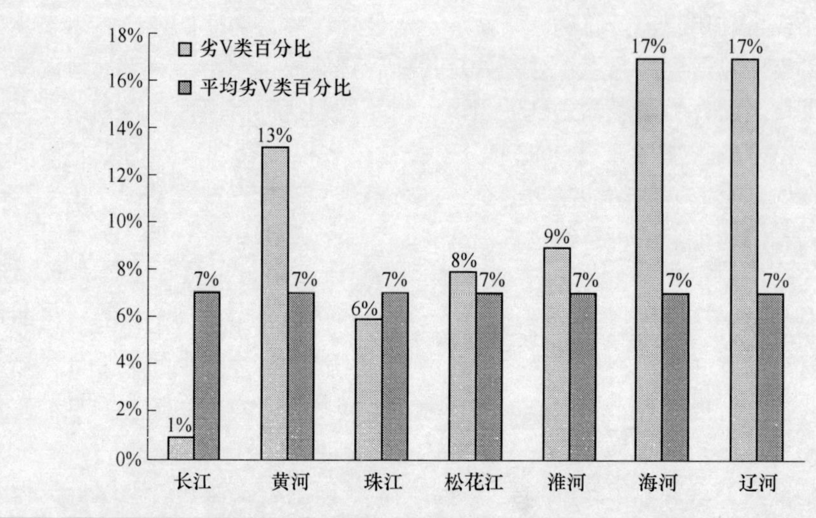

	全国地表水质	长江	黄河	珠江	松花江	淮河	海河	辽河
评级	轻度污染	水质良好	轻度污染	水质良好	水质良好	轻度污染	轻度污染	轻度污染
主要污染物	总磷、氨氮、COD、BOD、CODMn	总磷、氨氮、COD	氨氮、总磷、COD、BOD、氟化物	溶解氧，氨氮，总磷	氨氮、COD、高锰酸盐、总磷	氨氮、COD、氟化物、总磷、高锰酸盐	COD、氨氮、CODMn、BOD、总磷	氨氮、COD、BOD、总磷、CODMn

图 1-1 全国主要河流水质监测图

环，降低村镇居民生产生活对环境的压力并带来一定的经济效益。

村镇社区卫生工程的提升是一个复杂的系统性的工程。这种改造不能孤立地专注于技术的提升，而应当将其与整个生态环境相结合，与使用者相结合，进而从全面的角度对卫生工程的提升进行考量。从生态循环的理念出发将生态理论应用到卫生设施领域进而有效地提升卫生设施与周边环境相互促进的作用，加强对周边自然资源保护和与环境的协调发展。与生态雨水基础设施相似，生态卫生设施更注重环境与卫生设施之间的平衡发展，使用者与卫生设施之间的协调互动，从一味地追求技术单方面与自然的适应性，转而寻求使用者、自然与卫生设施三者之间的平衡。除了使用更为绿色的技术及材料以外，生态卫生设施也注重使用感受，将使用者引入卫生设施建设的考量当中，采用更为适宜的技术，进而追求更能适应当地自然条件与使用特征的卫生设施，兼顾经济、绿色、舒适等多种特性，以期在受众能够接受的范围内达到最为绿色、生态与舒适的要求。在技术选择上，生态卫生设施并不是单一的强调技术与自然之间的互动，而是认为技术的选择应当置于环境、使用者、经济条件等因素的背景之下进行考量，而非一味地追求设备的技术性，或是单方面地强调与生态的适应能力。生态卫生设施更多地是在追求环境、设备与人类之间的平衡。

1.2 发展历程与建设现状

1.2.1 发展历程

村镇社区公共卫生设施的建设是关乎城镇地区公共健康、经济发展以及社会稳定的重要一环。村镇社区公共卫生设施的发展所经历的主要阶段如下所述。

1.2.1.1 国外发展历程

早在19世纪初期西方国家就开始建造管道沟渠工程，并尝试利用污水厂对其进行处理。从20世纪60、70年代开始，西方国家加大污水管道和污水厂的投入力度，使得东京和德国的管道入网率先后达到了70%和95%，城市居民人均污水管长达4m，同时，严格控制工业污水、工业厂排放，提高了污水的收集率和处理率。这一时期，城市排水系统在西方国家的建设中初具规模，西方城市排水系统逐渐完善，但是城市水环境的质量仍然不尽人意。为了实现对暴雨雨水的管理，更深入地认识雨水径流过程，利用模拟模型的方法，设计了不同应用水平和要求的模型，对雨水管理进行了预测和模拟，并将雨污合流制改造为分流制，高效地对暴雨雨水进行管理。

对生态的修复则起始于山地、草原、森林和野生生物等自然资源的管理研究，20世纪80年代得到迅速发展，重点集中于退化草地生态系统、退化森林生态系统、退化水生生态系统以及侵蚀坡地、矿业废弃地和盐渍地等；主要从植被自然演替规律、人工恢复的方法以及演替与生物多样性的关系等多个方面展开了研究。从20世纪初开始，随着社会发展和劳动生产率的大幅度提高，农耕地开始被弃耕，这样，就开启了对退耕地植被恢复的研究。美国中西部草原由于过度开垦，在20世纪30年代遭受“黑风暴”后，全面推行了草地恢复研究与实践，并通过一些法律规定进行严格的草地放牧管理，提倡实施轻牧政策，采用了荒漠化防治和保护土地经营者利益的“双赢政策”，取得了较好的效果；苏联在20世纪50年代重蹈美国覆辙，开垦“处女地”受到第二次“黑风暴”袭击之后，也开始实施撂荒休耕制，恢复草地，初步遏止了草地沙漠化的态势。以色列等国利用雄厚的经济实力，开展大规模工程治沙，建立人工高效生态系统，为人类征服沙漠树立了典范。20世纪70年代以来，以主要研究受损生态系统恢复与重建为己任的恢复生态学的产生，表明国际社会把保护现有的自然生态系统、综合整治和恢复已退化生态系统以及重建可持续的人工生态系统作为主要的研究课题，退化生态系统的恢复与重建日益成为世界各国的研究热点。1975年3月，美国召开了全球第一次“受害生态系统的恢复”的国际会议，这次会议讨论了受害生态系统的恢复与重建等重要的生态学问题，并呼吁加强对受害生态系统的基础数据的收集与生态恢复技术措施等方面的研究。1980年，Cairns主编的《受害生态系统的恢复过程》一书，从不同角度探讨了受害生态系统恢复过程中的重要生态学理论和应用问题。1983 年，美国召开了题为“干扰与生态系统”的国际学术会议，系统探讨了人类的干扰对生物圈、自然景观、生态系统、生物种群和物种的生理学特性的影响。1984 年，美国植物园学术会议出版了《恢复生态学》论文集，从退化及恢复等方面探讨了退化生态系统形成及其恢复重建过程机理。

20 世纪 70 年代，宫胁昭等人开始在日本的一些城市中进行环境保护林重建的研究，其中心思想是根据植被科学中的演替理论，采用当地乡土树种的种子进行营养钵育苗，配以适当的土壤改造，在较短时间内建立起与当地气候相匹配的顶级群落类型。这一方法取得了显著成绩，得到了世界公认，被称为“宫胁生态造林法”或“宫胁法”，它提倡应用顶级群落的组成种采用容器育苗等“模拟自然”的手法和技术，通过人工营造与植被自然生长的完美结合，超常速、低造价地建设以地带性植被类型为目标，群落结构完整、物种多样性丰富、生物量高、趋于稳定状态、后期完全遵循自然规律、少管护的近自然型绿地。在亚热带常绿阔叶林地区，从裸地演替到顶级群落，在自然条件下需要几百年的时间，但是如果初期在人为作用下适当改良土壤、地形，营造顶级群落的乔木、灌木层优势种的幼苗，可以使演替时间缩短至原来的十分之一以下。因而，建设成本低、人工管护少、见效快的宫胁生态造林法对于大规模的环城绿化带建设具有极其重要的意义。从 20 世纪 70 年代开始，国外较为成功地开展了包括草原、河流、湖泊、废弃矿地、森林和农田等受干扰和受害生态系统的恢复与重建，以及湿热带森林生态系统的稳定性研究、废弃场地和垃圾场的恢复、河流和湖泊的水生植物群落的重建等。

1.2.1.2 国内发展历程

我国排水设施建设时间较早，在 1406 年（明永乐四年）即开始针对建设中的紫禁城进行污水排放的规划设计。自新中国成立以来，我国就不断地尝试提升广大农村地区卫生设施建设水平。伴随着各个时代我国农村地区卫生设施建设需求以及经济发展水平，中央与地方政府都在不断地推出新的政策与规范辅助我国农村卫生设施建设，发展历程如图 1-2 所示。

图 1-2 我国城镇卫生设施建设发展阶段

1949~1959 年，新中国成立初期我国政府就开展了建设厕所与管理粪便的一系列政策，进而帮助解决了南方血吸虫疫区内由于粪便导致的传播问题。同时也帮助北方地区进行了厕所与堆肥场等一系列卫生设施的初步建设。从而帮助我国农村地区建立了最为初级的卫生设施基础。

1960~1979年，在这段时间内，我国政府为了解决农村地区缺乏卫生设施进而对公共健康造成的影响先后展开了“两管五改”等运动，并于1974年专门出版了针对南方与北方农村地区的运动资料汇编。这套资料的出版目的是帮助南方与北方农村地区推行“两管五改”运动的成功经验与知识，进而达到改善农村地区卫生情况，改进当时落后的厕所与畜圈建设，加强对农村地区粪便的处理，从而杜绝由于粪便导致的各类传染病与寄生虫传播。

1980~2000年，在80年代中国政府通过筹办亚运会的机会，再度在农村地区推广了农村厕所的建设工作，通过增加厕所数量以及提升如厕环境，政府希望能够进一步降低由于卫生条件导致的一系列传染病与寄生虫传播问题。90年代中国政府将农村厕所问题纳入卫生保健规划，同时也是第一次把农村厕所的新建与改造工作与儿童发展联系在一起并将其写入《九十年代儿童发展规划纲要》。同时，这段时间我国农村的厕所改造工作也受到了世界银行与联合国儿童基金会的支持，因此得到了迅猛发展。而值得注意的是，由于在此之前我国农村地区建设资金的缺乏与人们认知的漏洞，农村地区污水处理工作进展较为缓慢。

2000~2013年，在这个新的10年中，我国逐渐将农村基础建设的中心向卫生设施转移。2004年，我国开始尝试推行由中央拨款补助地方进行农村地区改造卫生厕所，同时推行的深化医改工作又将其作为重点工作。2005年，农业部尝试在部分农村地区推行集中整治污水的“乡村清洁工程”。其后，2006年中央一号文件对农村地区卫生工程提出了新的目标。2月，通过《中共中央、国务院关于推进社会主义新农村建设的若干意见》，再度重申了对农村卫生工程建设的新的要求。其后我国政府又开展了“农村生态环境治理工程”，针对农村污水处理进行了集中整治，并将其纳入“全国农业污染防治规划”中，加强了对农村污水的管控。中国环保总局则针对水污染严重与水环境敏感地区农村地区率先开展了农村污水整治工作。建设部与国际水协会则在2006年共同合作举办了“农村污水处理国际研讨会”，用以和各国专家学者探讨当前面临的农村污水处理问题。

此后村镇地区如何实现污水的无害化处理与循环利用则在2007年成为亚太地区基础设施发展部长级论坛的核心主题。同年建设部开始了《农村污水处理设施设计指南》的制定工作。2008年，国务院再次下文指出农村人居环境需要得到进一步提升，住建部则推出了《村庄整治技术规范》，填补了我国农村建设规范上的空白，此后还与发改委、环保部一同推出了《全国城镇污水处理及再生利用设施建设“十一五”规划》，希望能够进一步规范及推广城镇地区污水处理。陕西省也提出了专门针对陕西基础设施发展需求的《陕西省农村基础设施建设技术导则》。上海市也推出了相应的农村污水处理指南，用于帮助农村地区开展污水治理工作。张家港市则选择生态湿地作为主要的处理办法，并提供专门的补贴鼓励农村地区进行污水处理。同年，中国科学院则专门设立了对农村污水处理技术进行研发的研发中心。2009 年，国务院将农村改水改厕工作的重要性进行了进一步提升并将其作为重大公共卫生项目进行推广与补贴。其后爱卫会与卫生厅共同主持并组织编制了《农村改厕管理办法（试行）》和《农村改厕技术规范（试行）》，希望能够通过这一举措增强农村厕改的效率与专业性。2010 年，环保部制定和颁布了《村镇生活污染控制技术规范》，其颁布有效地推动了村镇污水处理技术的发展与推广。2013 年，中央一号文件正式指出要通过“美丽乡村”推动我国农村地区基础设施与生态文明的提升。其后在联合国大会上我国与多国合作共同推动了“世界厕所日”的设立，希望能够通过此举推广人们对厕所的正确认知。同年陕西省通过《农村基础设施建设技术规范》，针对陕西省范围内农村地区的各类基础设施特别是卫生设施的建设技术进行了介绍与推广。

2014 年~现今，2014 年，我国政府通过《国家新型城镇化规划》对美丽乡村的前进方向与总体目标进行了界定。2015 年，习总书记在考察中提出“厕所革命”的概念。国务院则通过《水污染防治行动计划》对城镇污水建设的总体目标、设施处理能力与排放标准进行提升。2018 年，通过《农村人居环境整治三年行动方案》，我国政府进一步推广落实了农村卫生工程建设的力度与方案，并将卫生工程作为治理的重中之重，而近郊区及环境容量小的地区则是此次治理工作的重点。可以说，当前农村地区卫生设施建设已经成为我国建设生态文明的焦点，是建设美丽乡村的第一步。

我国是生态系统退化较为严重的国家之一，对退化生态系统恢复生态学的研究和实践开展得较早，自 20 世纪 50 年代以来，我国即开展了针对各种退化生态系统的恢复与重建的研究。1959 年，中国科学院华南植物研究所的余作岳等在热带沿海侵蚀台地、华南退化坡地上开展退化生态系统的植被恢复技术与机理研究，提出了“在一定的人工启动下，热带森林可恢复、退化生态系统的恢复可分三步走、植物多样性是生态系统稳定性的基础”等理论，并先后建立了小良热带森林生态系统定位站和鹤山丘陵综合实验站——我国恢复生态学研究的两个基地。20 世纪 70 年代末的“三北”防护林工程建设和 80 年代的长江、沿海防护林工程建设以及太行山绿化工程建设等生态工程极大地推进了我国退化生态系统恢复生态学的研究和实践。

1990 年，东北林业大学开展了黑龙江省森林生态系统恢复与重建研究，中国林科院热带林业研究所开展了海南岛尖峰岭热带林地的植被恢复与可持续发展研究，中国科学院地理研究所开展了西北干旱区生态重建与经济可持续发展研究等。20 世纪 90 年代中后期，淮河、太湖、珠江、辽河、黄河流域防护林工程建设以及大兴安岭火烧迹地森林恢复研究、阔叶松林生态系统恢复、山地生态系统的恢复与重建、毛乌素沙地恢复等提出了许多生态恢复与重建技术与优化模式，先后发表了大量有关生态恢复与重建的论文、论著，在实践上已形成大批的小流域生态恢复的成功案例，极大地促进了我国恢复生态学的研究与发展。从此，我国在农牧交错区、风蚀水蚀交错带、干旱荒漠地区、丘陵山区、干热河谷、湿地、城市等退化或脆弱生态环境及其恢复重建方面进行了大量的研究工作。主要包括：中国科学院兰州沙漠所开展了沙漠的治理与植被恢复，中国科学院西北水土保持所开展了黄土高原水土流失区的治理与综合利用示范研究，中国科学院水生生物研究所的湖泊生态系统恢复研究，中国科学院西北高原生物研究所开展了高原退化草甸的恢复与重建研究。在退化森林生态系统恢复与重建研究方面，在废矿地恢复方面，主要研究工作有铅锌矿尾矿场的恢复、矿区废弃地的恢复、稀土尾矿堆积场的复垦、采煤塌陷的复垦、砂金废弃矿区的生态恢复等；对废矿地进行恢复，首先要使土地表面稳固，控制污染，改造视觉感受，处理地面，提高生产力；其生态恢复途径是改换土壤、物理处理、化学改良、去除有害物质、种植先锋物种；废矿地生态恢复需采用相应工程措施和生物措施。

1.2.2 建设现状

根据全国人口第六次普查（六普）结果来看，大陆地区一共居住着约 6.7 亿农村居民，占总人口的 50%。与五普结果对比来看农村居民人数减少了约 1.3 亿，农村人口比重下降了 13%。而国家统计局与《中国统计年鉴》统计数字显示，当前我国农村地区的污水排放量已经超过 80 亿吨/年。同时全国农村仅有 1500 余座污水处理厂。而在我国的乡区域内，国家统计局数据显示该区域内排水管道与暗渠总密度仅能达到 4.52km/km^2。这从另一个角度反映出大量农村污水与粪便无法得到集中处理，只能直接排放到周边环境，进而导致江河湖泊水质的富营养化与地下水污染的问题。从第一次农村卫生调查数据来看，1993 年我国仅有 8%左右的农村地区使用卫生厕所，到 2016 年，我国东部部分地区 90%的厕所为卫生厕所。自 2004 年起，我国在村镇地区已经新建和改造了超过 2100 万个厕所。从国家统计局公布的第三次全国农业普查数据中可以得知，截至 2016 年末，全国村镇污水集中处理率仅为 17%，但受益于厕所革命的大规模整治行动，全国村镇改厕率已经达到 54%，如图 1-3 所示。

国家统计局统计数据显示，当前我国农村地区超过 8000 万户的农户使用卫生水厕，超过 700 万户的农户使用非卫生水厕，将近 2900 万户农村居民使用卫生旱厕，仍旧有超过 46%的农户即多于 1 亿的农户使用非卫生旱厕。此外还有约 470 万户农村家庭没有厕所，其数量占农村总人口的 2%，具体如图 1-4 所示。

从投资角度来看，农村卫生工程的提升是一项需要大量资金与人力投入的工

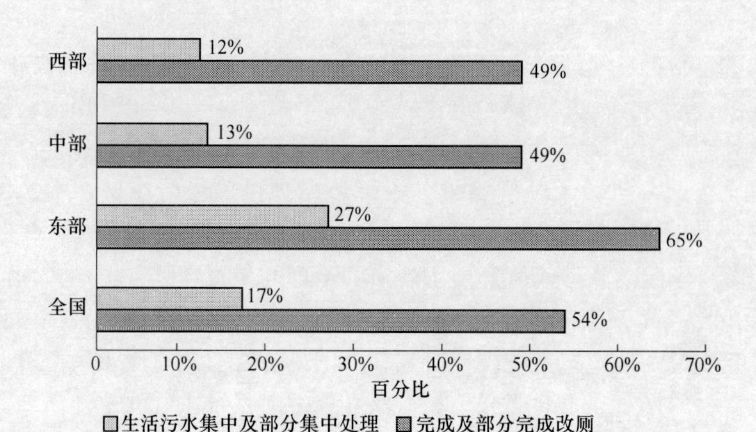

图 1-3 全国各区域村镇污水集中处理及改厕比例（数据来源于国家统计局）

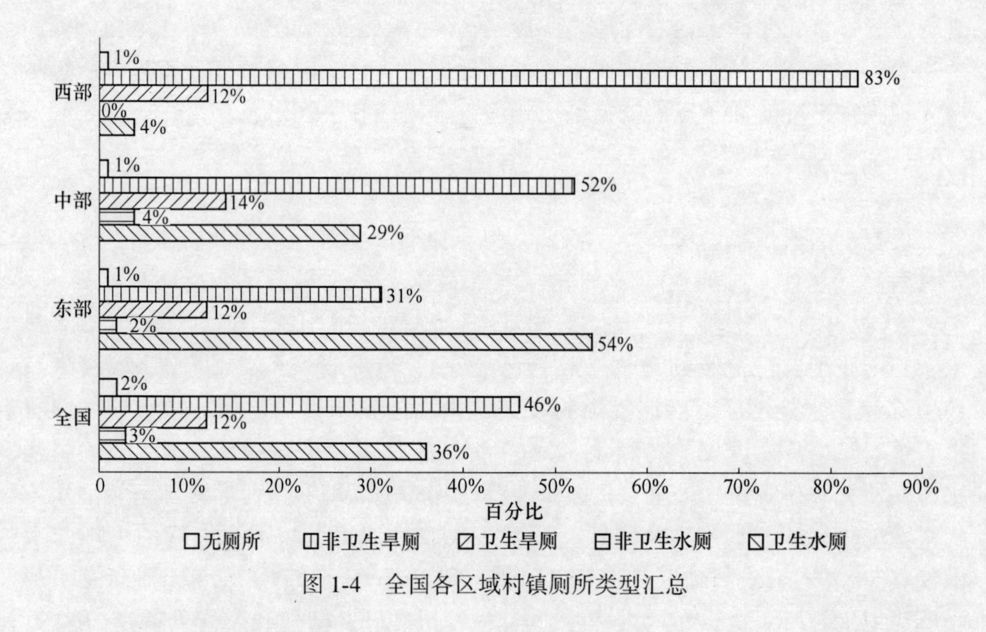

图 1-4 全国各区域村镇厕所类型汇总

程。我国政府一直致力于加强农村地区各类设施的建设。其中农村地区基础设施建设资金占农村地区建设总投入的百分比也在逐年上升，1990 年，仅有不到 5%的农村地区建设总投入用于发展农村地区基础设施建设。而《城乡建设统计公报》数据显示，2016 年一年我国村镇建设总体投资就已经逼近 1. 6 万亿元。其中 49%的资金用于村镇住宅建设，20%用于市政设施。市政建设资金中将近 470 亿元用于排水设施建设，420 亿元用于环境建设，二者相加能够达到市政公用设施建设总投资的 23%，总体投资的 5%，如图 1-5 所示。

从图 1-5 可以看出，虽然村镇卫生设施的投入在不断上升，但是从整体来看

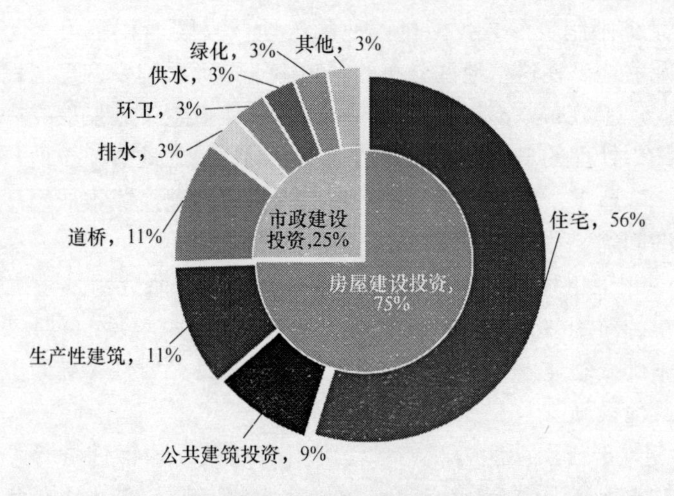

图 1-5 村镇建设投资结构（数据来源于国家统计局）

卫生设施的投入仍旧较低。由于卫生设施缺乏直接的经济收益，因此主要来源于政府拨款进行扶持的村镇建设投资中，有很大一部分属于危房改造、公共建筑、生产性建筑与道桥建设，卫生设施建设仍旧较为滞后。从《中国城乡建设统计年鉴》的数字来看，我国镇年污水处理能力为 73 亿立方米，乡村年污水处理能力约为 3 亿立方米，不到镇污水处理能力的 4%。这都说明当前的卫生设施资金投入与建设水平都无法满足村镇发展所需。

1.3 建设特征与处理模式

1.3.1 建设特征

1.3.1.1 村镇卫生设施的建设特征

（1）受气候条件影响较大。村镇自然气候差异很大，卫生设施建设与使用往往受极端气候的影响。如在部分高原地区存在冬季气温过低及低温时间过长的问题。由此导致卫生设施的设备选取及安装过程中需要考虑低温对其造成的影响，避免造成使用上的困难。此外，在部分盆地地区，由于降雨影响及地下水位较高，卫生设施长期处于高湿环境，因此，在卫生设施选用中需要增强其防水性能的要求，否则对设施寿命及维护工作将会造成较大影响。

（2）受运输条件制约较多。我国村镇地区卫生设施建设往往还受到运输条件的限制。尤其是在山地地区，卫生设施材料及设备的运输往往较为困难。此外许多村镇地处偏远交通不便，增加了运输的难度及工作量，进而导致卫生设施建设工期延长、费用上升的情况屡屡发生。同时地理因素对后期卫生设备维护及维修也造成诸多困难。

(3) 受地形限制较深。我国村镇地区山地及丘陵面积较大，此外还有相当面积的高原及盆地。在这些地区分布的村镇由于地形限制，许多居民根据农牧需求居住，因此房屋分布并不集中。这导致部分村庄卫生设施发展受限，且不适合使用需进行集中处理的卫生设施，降低了卫生设施的处理效率。而目前建设的部分卫生设施一味追求规模化处理，反而造成卫生设施建设成本居高不下、使用效率无法提升的问题。

(4) 受忽视卫生设施理念影响较大。在调研中，研究组发现当前村镇诸多地区存在严重的对卫生设施的忽视问题。许多村庄存在只顾短期忽视长期的现象，因此在基础设施建设过程中忽视卫生设施建设的必要性，导致卫生设施建设远远落后于其他设施。

(5) 后期维护与反馈能力较弱。受到当前大量青壮年村镇居民进城务工的影响，当前村镇地区卫生设施维护与管理人员较为缺乏，技术人员年龄偏大，技术更新滞后，卫生设施维护不足，缺乏科学的管理和维护措施，从而导致卫生设施处理效率较低，进而造成对周边环境的二次污染。此外由于缺乏相关教育，部分村镇居民对设施的维护管理意识薄弱，因此对于卫生设施的问题无法及时反馈，进一步加剧了卫生设施的损耗。

当前随着村镇居民对生活品质要求的不断提升与对生态的关注，对于村镇卫生设施的要求也在逐步提高。因此早期的散乱无序、缺乏系统性的村镇卫生设施势必进行整合，从而形成村镇卫生设施处理体系，建立起分散处理与集中处理相结合的卫生设施处理体系，并且在形成整个体系的过程中还需注意分散处理中对污染物的处理程度需与集中处理中污染物的控制标准相符，进而保障在居住较为分散的城镇地区有效地控制污染物对环境的损害。与城市卫生处理系统有所区别的是农村卫生系统污水来源更为单纯。另外，由于城镇地区硬化面积相对于城市较少，环境对于雨水的容纳与处理能力较强，因此在农村卫生处理系统中对于雨水径流的处理需求较小，也可将雨水进行贮备用于农业灌溉等工作。此外，还可结合农村地区建设区域较为富裕的特点，在村镇卫生设施建设中注重采用与推广植物、微生物等生态处理技术。

1.3.1.2 村镇卫生设施的生态发展路径

生态卫生设施的核心思想在于追求技术、生态与使用者之间的平衡，因此其具有主动性、相对性和时间性。

(1) 主动性。生态卫生设施的主动性是技术与自然和人类之间相互协调的前置要求。其主动性主要表现在生态卫生设施技术与施工方法选择中应当始终坚持主动与当地自然条件与使用者特性靠拢，进而避免一味追求卫生设施的先进性或技术性，而脱离设施使用环境与适用对象盲目选择的问题。

(2) 相对性。应当注意的是生态卫生设施的建设始终扎根于设施使用场所与适用对象的特性。生态卫生设施是一个相对的概念，即相对于其固定的使用场所与适用对象而存在，一旦脱离当前环境或适用对象特征，生态卫生设施所追求的生态性即有可能受到削弱。因此不能直接简单粗暴地对生态卫生设施进行复制，而应当从具体条件与问题出发对生态卫生设施进行选择与使用。

（3）时间性。生态卫生设施的核心在于寻求环境、技术与适用对象之间的平衡，因此时间的变化也可能导致这种平衡发生转变，并没有一成不变的生态卫生设施。伴随着技术的提升与普及，部分当前无法满足使用者承受力的技术在未来有可能发生转变，反之亦然。因此在考虑生态卫生设施建设的过程中应当秉持动态的观点，与时俱进进行技术的更新与深化。

1.3.2 处理模式

1.3.2.1 排水设施与粪便处理设施

A 收集处理模式

当前村镇卫生设施收集处理模式主要分为管网截污、分散收集处理与集中收集处理三种类型。管网截污是指针对距离市政管道较近的村镇，通过建设管道连接市政管网的方式处理污染物。分散收集处理是针对居住较为分散的地区，污水与粪便集中较为困难，因此采取分散收集处理的方式较为合适。分散收集处理模式包括单户收集与连片收集两种类型，单户收集主要针对小于 5 人，日处理量在 0.5m^3 之内的家庭进行收集处理。连片处理是对距离相近具有连接处理条件的家庭污染物使用管道或沟渠连接收集处理，这种模式主要针对总人数小于 50 人的情况进行收集处理。

集中收集处理则是通过统一收集的方式对聚集度较高的污水与粪便进行处理，由于具有规模效应，因此可以达到较为经济的条件下处理效果较好的结果。村镇集中处理规模较小，一般仅能容纳 1000 户以下、5000 人以内日处理量在 500m^3 的处理工作。各收集处理模式特点，如图 1-6 所示。

从村镇当前发展现状而言，由于村庄地形差异较大，因此应当对其收集处理模式分情况进行考量。对于与城镇污水处理设施或管网距离较近（5km 以内）且高程合理的村镇而言，可以考虑与城镇污水处理系统进行连接。对于不具备上述条件，但是在部分村镇中地形较为平坦，村庄规划较好、聚集程度较高就可以考虑进行集中收集处理，甚至临近村庄合并集中处理。尤其是部分山地地区村镇存在污染源分布密度较小，农户居住聚集度低，因此并不适宜进行集中收集处理，只能选择分散收集处理方式。而对于介于二者之间的村镇，则可以考虑分散与集中相结合的方式。

B 排放体制

排放体制主要是指在集中收集处理的前提下收集、运送卫生设施中污水与粪

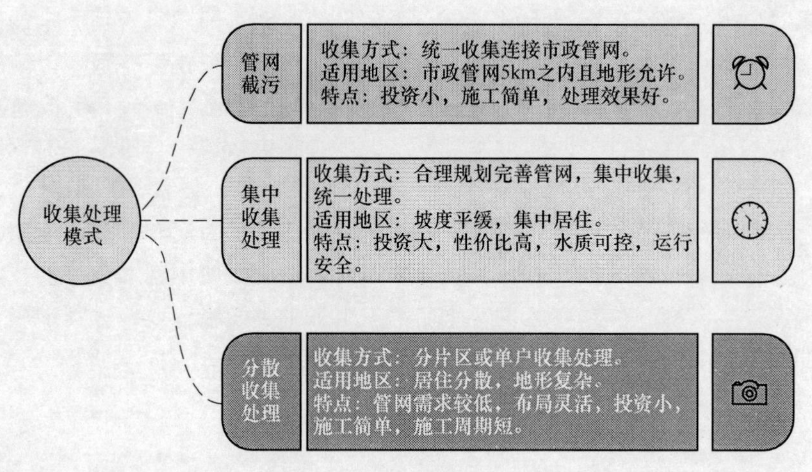

图 1-6 收集处理模式图

便的系统方式。一般而言，其可分为合流制、分流制、混流制。其中合流制是自己将所有收集到的污水与粪便尤其是包含地表雨水等一并混合运输处理的方式。分流制是指将污水、粪便与地表雨水分开输送进行处理的方式，即雨污分流。混流制则是混合使用前两种方式进行输送处理。完全从生态的角度出发，分流制是对环境最为友好的集中收集方式。但当前我国村镇地区地面污染是一个无法忽视的问题，导致雨水径中携带地面与大气中的污染物质较高，需对其进行处理。此外由于村镇地区当前污水收集系统暴露度较高，明渠与暗渠使用比例较高，使用分流制需要对大部分现有收集系统进行拆除并敷设不止一套管道系统，因此造价比合流制高出 20%～40%。同时需要注意的是，在整个卫生处理系统费用估算中，管道费用比例占总比例的 70%左右。同时合流制的施工也更为简单。

因此，从实际角度出发可以考虑先预留端口及部分管道，但采用截流式合流制在雨量过大的时候通过溢流管排放超出容纳能力的雨水或部分分流制排水系统，解决当前的有无问题。其后待资金较为充裕再进一步沿之前保留的端口及管道进行扩建，实现分流。

1.3.2.2 垃圾处理设施

A 垃圾投放模式

垃圾投放是指居民将产生的垃圾进行排放的过程。垃圾投放主要分为混合投放与分类投放两种。混合投放是将所产生的垃圾混合在一起投放，投放时不考虑垃圾种类成分。这种投放方式简单、直接，容易形成居民的惰性，不利于居民环保意识的培养。一般来说，居民混合投放垃圾时，基本上都将可以卖钱的可回收物都分拣出来，但是没有对有害垃圾、餐厨垃圾、其他垃圾进行分类，导致垃圾收集中端或是垃圾处理终端的二次分拣，不仅耗费的人力物力较大，也容易造成二次分拣工作时的二次污染。虽然混合投放方式应用广泛，但从整个生活垃圾管理工作的角度看，这种方式应该逐步淘汰。

分类投放是将不同种类成分的垃圾分别投放到不同的垃圾收集容器。在垃圾分类工作开展得较好的国家或地区，垃圾分类投放是当地政府努力推广的方式。要形成居民分类投放垃圾的习惯，需要持之以恒地提升居民环保意识水平，还需要辅以相对应的奖励处罚措施，教育与奖惩相结合，促进居民由抗拒到接受再到支持的思想转变。垃圾源头分类投放，是整个垃圾分类的首要环节，有利于中端的分类收集、分类运输和终端的分类处理，可以说，走出分类投放这一步，垃圾分类的工作就成功了一半。

B 垃圾收集模式

垃圾收集是指将放在投放点的生活垃圾集中到垃圾收集点或垃圾中转站的整个作业过程。收集环节的基础设施是垃圾投放点、收集点，其配套设施设备包括垃圾收集点、垃圾收集车、垃圾收集容器等，其辅助系统包括清扫保洁系统、废品回收系统等。根据垃圾收集车辆和作业规范的区别，生活垃圾的收集方式主要有混合收集和分类收集两种。

混合收集是将居民投放的各类生活垃圾混合在一起收集，当前这种收集方式比较流行，世界上大部分国家都采用这种垃圾混合收集的方式。混合收集方式对垃圾收集容器、垃圾收集车辆的要求低，对于进行收集作业的环卫工人来说，相当简单方便、容易操作，在工作经费投入方面也比较少。但是，这种收集方式使得各类生活垃圾相互混杂在一起，对生活垃圾中的可回收物造成了污染，降低了直接回收利用价值；同时还对垃圾终端处理的工艺技术提出了更复杂的要求，增加垃圾终端处理工作的运营成本，不能满足垃圾处理的“减量化”“资源化”“无害化”原则。因此，生活垃圾的混合收集，从目前生活垃圾管理工作的发展趋势来看，将会逐步被淘汰。

分类收集是指使用垃圾分类收集容器、垃圾分类收集车，在居民投放垃圾时，按照不同垃圾不同收集容器的原则，实行小分类或大分类的收集。分类收集模式在当前世界上的一些发达国家或地区得到采用，一般都结合垃圾分类工作的开展而实施。垃圾分类收集，可以使生活垃圾中的可回收物直接得到回收利用，使餐厨垃圾、有害垃圾得到分别收集，使其他垃圾不受到污染，有利于这些垃圾在运输及终端处理过程中的减量化、资源化、无害化，直接降低垃圾中转运输及终端处理的工作成本，最大限度地实现经济效益、环境效益和社会效益三者的有效统一，是未来垃圾处理和管理发展的必然趋势。

C 垃圾运输模式

垃圾运输是指有资质的专业环卫作业队伍将垃圾收集点和中转站以及其他储存设施中的垃圾运至垃圾转运站或垃圾处理厂（场）的作业过程。运输环节的基础设施是垃圾中转站，其配套设施设备包括垃圾运输车，转运站内配套分类、压缩等设施设备等。

按照运输的过程划分，垃圾运输方式可分为直接运输和中转运输两种。直接运输是采用垃圾运输车将垃圾从垃圾收集点直接运送到垃圾处理厂（场）的垃圾运输方法；中转运输是采用垃圾运输车先将垃圾运送到垃圾转运站，再由较大类型的垃圾运输车将垃圾运到垃圾处理厂（场）的垃圾运输方法。

按照垃圾运输作业规范标准的不同，垃圾运输方式主要有混合运输和分类运输两种。混合运输是将混合收集的垃圾直接使用同一车辆进行运输，分类运输是将分类收集的垃圾分别使用车辆进行运输，专车专运。目前，由于垃圾收集的方式不同，采取混合收集方式的国家和地区大都是使用混合运输，采取分类收集方式的国家和地区大都是使用分类运输，但也存在着小部分国家和地区是混合收集垃圾后使用人工分拣或机器分拣方式将垃圾分拣出来后实行分类运输，或是分类收集垃圾后又混合在一起实行混合运输，这取决于当地政府对运输环节的重视程度和财政投入程度。

D　垃圾处理模式

垃圾处理是指采取处理工艺技术对生活垃圾进行无害化、资源化的处理过程，是垃圾管理的终端环节，也是最重要的关键环节。当前，垃圾处理方式主要有卫生填埋、堆肥、焚烧、再生资源回收等。

卫生填埋是将生活垃圾直接在地下掩埋，在填埋的垃圾上面进行压实覆盖。在垃圾填埋过程中，实行分层隔离，并有相对应的设施进行沼气引排、渗滤液收集，避免污染环境。

堆肥处理是通过垃圾本身和掩埋土壤中的微生物，使有机易腐垃圾发生生物化学反应，从而将垃圾转变成为有机肥料，进而改良土壤。按照工艺技术的不同，垃圾堆肥技术可分为高温好氧堆肥和低温厌氧堆肥；按照堆肥方法的不同，又可分为露天堆肥、机械堆肥。

焚烧处理是将垃圾进行燃烧处理的一种方法。这种垃圾处理方式具有占用土地少、处理垃圾多的特点，能够通过垃圾的燃烧处理过程产生热能、电能，还可以使生活垃圾中的有害垃圾燃烧转化成无害灰渣，最大的优势是将大量的垃圾通过焚烧变成极少量的灰渣，大大减少了垃圾的存在量，减轻了垃圾填埋压力。

再生资源回收是指在垃圾进入收运处理流程之前，对可以再生利用的可回收物直接进行有偿回收。这种垃圾处理方式在全世界都得到了广泛应用，尤其是在一些资源紧张的国家，再生资源回收已经成为重要国策。再生资源回收水平的高低取决于一个国家的重视程度和回收机制的完善。随着经济社会的高速发展，传统能源逐渐枯竭，再生资源回收的垃圾处理方式，将是垃圾处理的主流趋势，将被越来越多的国家和地区所采用。

2 卫生厕所工程安全设计

2.1 结构建造工程

2.1.1 概念内涵

厕所是人们日常生活中不可或缺的基本卫生设施，是为人们提供排便的场所。根据村镇的经济发展状况、人文地理环境和农业生产方式等因素，可选用的卫生厕所类型包括以下几种：

（1）水冲式厕所。水冲式厕所是由厕屋、抽水装置、厕井以及与其配套的三格化粪池组成，适用于城镇化程度较高、居民集中、具有完整下水道系统的地区的农村使用。排出的粪便污水宜与通往污水处理厂的管网相连，不得随意排放。没有污水排放系统的村庄不宜建造水冲式厕所，否则会严重破坏环境。农村水冲式厕所如图 2-1 所示。

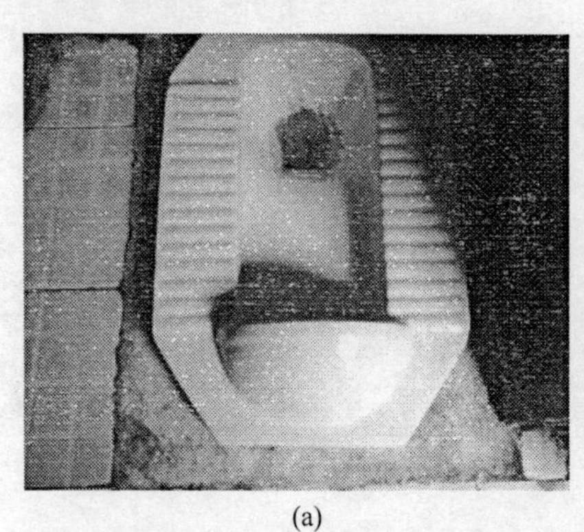

(a)

(b)

图 2-1　农村水冲式厕所

（a）示例一；（b）示例二

（2）三格化粪池式厕所。三格化粪池式厕所是将粪便的收集、无害化处理在同一流程中进行。粪便经三格化粪池储存、沉淀发酵，能较好地杀灭虫卵及细菌。三格化粪池式厕所主要构成有厕屋、蹲便器或坐便器、进粪管、过粪管、三格化粪池等，它构造简单，易于施工，卫生效果好，粪便能达到无害化处理，但建造技术要求高，检查及验收难度较大。三格化粪池式厕所如图 2-2 所示。

(a)

(b) (c)

图 2-2 三格化粪池式厕所

（a）三格化粪池式厕所平面布置；（b）化粪池示例一；（c）化粪池示例二

（3）三连通沼气池式厕所。三连通沼气池式厕所的沼气池以水压式沼气池为基本结构，使厕所、禽猪圈和沼气池相接，形成三连通沼气池式厕所。三连通沼气池式厕所由厕屋、蹲便器或坐便器、畜圈、进粪管、进料口、发酵间、水压间等部分组成。三连通沼气池式厕所设计合理，构造简单，施工方便，坚固耐用，造价低廉，不但可控制粪便随意排放对环境的污染，还可产生清洁能源，达到了能源、卫生、肥料，一举多得的效果。但沼气的产生和利用需要一定技术，清出的残渣需做无害化处理，在寒冷地区需做保暖防护，一次性投入资金较多。常见三连通沼气池式厕所平面图及剖面图如图 2-3、图 2-4 所示。

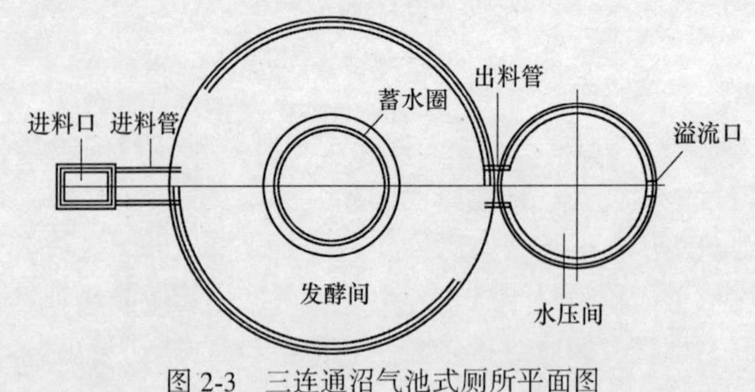

图 2-3 三连通沼气池式厕所平面图

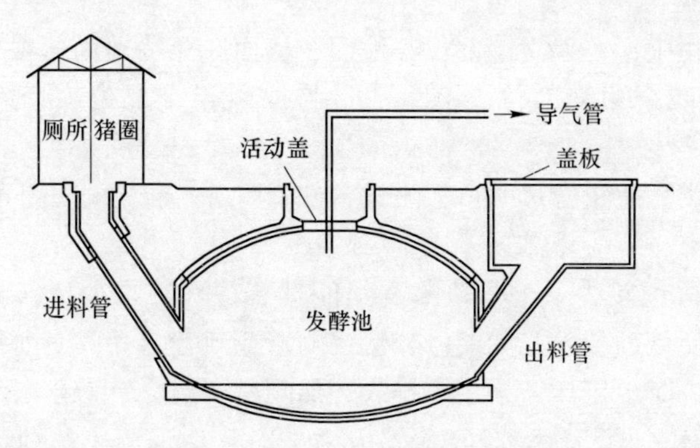

图 2-4 三连通沼气池式厕所剖面图

(4) 粪尿分集式厕所。粪尿分集式厕所是指采用粪尿不混合的便器把粪和尿分别进行收集、处理和利用的厕所。该类型厕所可将粪和尿分别导入贮粪、贮尿装置。对含有致病微生物和肠道寄生虫卵的人粪采用干燥脱水的方法进行无害化处理，而收集的尿可直接用作肥料。粪尿分集式厕所由粪尿分集式便器、贮粪结构、贮尿结构和厕屋组成，该类型厕所可将粪和尿分别导入贮粪、贮尿装置。粪尿分集式厕所能在厕坑内解决粪便无害化、防蝇蛆、无臭，不污染外环境，粪便经干燥处理后重量和体积减少，无害化程度高，节约用水，有利于生态农业建设，抗冻性较强。但使用、管理难度较大，成本较高。

(5) 双瓮漏斗式厕所。双瓮漏斗式厕所主要由漏斗形便器、前后两个瓮形贮粪池、过粪管、后瓮盖、麻刷椎和厕屋等组成。双瓮漏斗式厕所结构简单，简便易行，造价低，经济实用，取材方便，很受欠发达农村群众欢迎。同时该种卫生厕所形式卫生效果好、利于环境改善、蝇蛆密度下降、肠道传染病发病明显减少，适合于干旱少雨地区农村使用。双瓮漏斗式厕所如图 2-5 所示。

图 2-5 双瓮漏斗式厕所

卫生厕所结构建筑工程的特点有：面积小，阴阳角多，施工难度大；用水量大，用水频繁集中；主要渗漏部位在地面、墙面、穿墙地面管根、缝、立墙与地面相交部位、墙面相交部位、卫生洁具与地面相交部位、管道渗漏及顶板渗漏等。

卫生厕所类型及组合尺寸、卫生设备的数量等选择均取决于使用人数、使用对象、使用特点，但应遵循以下原则：

（1）对于降雨较少，干旱缺水及其他具有特殊需求的地区，应尽量采用蓄水量较小的粪便处理技术，如粪尿分集式厕所或双瓮漏斗式厕所等旱厕或节水式水厕。条件允许时也可尝试采用零排放环保厕所，降低其对水资源的消耗。

（2）以果木种植、旅游、经商等为主，以及水资源丰富地区的农户可建三格化粪池式卫生厕所。

（3）家庭饲养牲畜的农户，适宜建造三联通沼气池式厕所，同时要注意保持温度，宜与蔬菜大棚等农业生产设施结合建设。

（4）粪便处理设备距离地下取水构筑物不得小于 30m。粪便处理器宜设置在接户管的下游段，便于机动车清掏的位置，且外壁距建筑物外墙不宜小于 5m，并不得影响建筑物基础。

2.1.2 规范标准

2.1.2.1 当前我国村镇社区卫生厕所工程主要遵循的规范及标准

（1）《粪便无害化卫生要求》（GB 7959—2012）。

（2）《城市公共厕所设计标准》（GJJ 14—2016）。

（3）《农村户厕卫生规范》（GB 19379—2012）。

（4）《民用建筑设计通则》（GB 50352—2005）。

（5）《恶臭污染物排放标准》（GB 14554—1993）。

2.1.2.2 卫生厕所结构建筑工程主要设计参数

（1）厕位长和宽。厕位应根据人体活动时所占的空间尺寸合理布置，每个厕位长应为 1.00~1.50m、宽应为 0.85~1.20m。

（2）单排厕位外开门走道宽度。厕内单排厕位外开门走道宽度宜为 1.30m，不得小于 1.00m；双排厕位外开门走道宽度宜为 1.50~2.10m。

（3）隔断板及门与地面距离。厕所厕位不应暴露于厕所外视线内，厕位之间应有隔板。厕所门应采用宽度大于 900mm 的推拉门、折叠门或平开门，不应采用力度大的弹簧门，其中采用推拉门和平开门的，应在门把手一侧的墙面留有不小于 0.5m 的墙面宽度，门扇内外侧均应设置拉手，门槛高度及门内外地面高度不应大于 15mm，并应以斜面过渡。

2.1.2.3 卫生厕所建设标准

（1）卫生厕所要有墙有顶，贮粪池不渗、不漏、密闭有盖。

（2）厕内清洁，无蝇蛆，基本无臭，具备有效降低粪便里生物性致病因子传染性的设施。

（3）在高寒地区，贮粪池、便器冲水与贮水设施等要采取防冻措施。

（4）蓄粪池的粪便应及时清掏，粪池内的粪便不应超过粪池容积的四分之三。

（5）厕所内部应空气流通、光线充足、沟通路平；应有防臭、防蛆、防蝇、防鼠等技术措施。

2.1.3 工艺要点

2.1.3.1 材料要求

（1）卫生厕所工程建造材料，应选择资证齐全、生产条件规范、正规厂家的合格产品，满足坚固耐用的需求，有利于卫生清洁与环境保护。

（2）预制产品：强度应符合相关要求，具有质检部门出具的质量检测报告。

（3）三格化粪池：用砖砌水泥粉壁面或水泥现浇、预制均可，以“目”字形为主要类型，若受地形限制，“品”字形、“丁”字形均可。容积以达到贮粪2个月为宜。

（4）小便池宜采用简易的小便斗，尿液直接排至粪池，禁止大面积尿池开敞暴露而导致臭气污染环境；大便器宜采用卫生陶瓷质或质量良好的工程塑料质便器。

（5）地面、蹲台面应采用防滑、防渗的材料。

（6）厕所内墙裙应采用光滑，便于清洗，耐腐蚀，不易附着粪、尿垢的材料。

2.1.3.2 施工工艺与要点

厕所地下部分宜建于房屋或围墙之外。地下部分结构应满足坚固耐用、经济方便的使用要求，在特殊地质条件地区，应由当地建筑设计部门提出建造的质量安全要求。地上厕屋部分不应过分强调外形美观，可以根据农户的经济条件、风俗习惯自行选择，具体施工工艺与要点如下：

（1）户厕应设置在饮用水源的安全卫生距离范围之外，如户用旱厕未做防渗处理时，周围20~30m范围内不得设置抽水式水井，且应建在居室、厨房的下风口，寒冷地区宜建在室内。

（2）厕所化粪池的有效深度不应小于1000mm，加上化粪池上部空间，池身高度应大于1200mm。

（3）厕所化粪池的进粪口应高出地面150mm，防止雨水流入池内。

（4）水冲式厕所：

1）厕所位置设在室外或室内均可，气候寒冷地区的村户不宜设在室外，上下水管线应布设防冻措施，便器应用水封。

2）厕井圆心在距离后墙900mm与侧墙340mm的交点处，井坑直径可容下蓄水缸即可，厕井深度在930mm左右。

3）厕井口尺寸为长300mm、宽200mm，角钢靠边使厕井口有260mm长、200mm宽以上的空位。蓄水缸外径与井壁内径的间距不得小于400mm，抽水机上的过滤器与缸底间距10mm。

4）挖宽450mm通向化粪池低端的斜坡，斜坡与水平面的夹角不得小于60°。

（5）三格化粪池厕所：

1）在挖坑时，单侧应预留150~300mm用以砌砖，浇筑厚度为100mm、深度不小于1200mm的混凝土。

2）粪池基础采用C10的混凝土，下层为素土夯实，如遇到地下水，混凝土下可垫100mm的厚碎石夯实。

3）砖砌化粪池，长方形池砌体用MU7.5烧结普通砖，M10水泥砂浆砌筑，原浆勾缝。

4）内外壁作20mm厚的1∶2水泥砂浆抹面，砂浆掺5%防水粉。

5）圆形池与基础连接处的内壁用掺5%防水粉的1∶2水泥砂浆抹面。

6）第二池墙达到一定高度时，做好防渗处理后再继续砌筑墙。

（6）三连通沼气池式厕所：

1）选址与房屋有一定距离，且要求背风向阳、土质坚实、地下水位低和出渣方便，与灶具的距离不超过30m。

2）土方开挖尺寸略大于沼气池的实际尺寸，开挖时，保证上下垂直，不得有坡度，开挖顺序为先小后大。

3）池底进料间到出料间走向中心线，挖30cm长、5cm宽的沟渠，池底呈两边向中央5°的坡度。

4）池底清理后，浇筑6cm厚的C15混凝土，池底四周10cm处池边适当加厚。

5）池墙上部浇筑10cm宽、5cm厚的池盖圈梁，便于与池拱相连接，池拱木模厚度应根据材料的强度和宽度而定，木模材料与地面水平线呈30°角。

6）池拱顶部不得高于出料间，以免贮气池容积减少。

7）主进料口应该建在猪圈内。

（7）粪尿分集式厕所：

1）依地理、气候条件、农户具体情况与要求进行选址，贮尿、贮粪池可建地下、半地下与地上。有条件的农村，宜建于室内，尽可能增加日照时间。

2）地下水位高的地区适宜建造地上或半地上式贮粪池。

3）农村尿收集口直径为30~60mm，粪便收集口内径为160~180mm。

4）贮粪池长1200mm、宽1000mm、高800mm。贮粪池的容积不宜小于0.8m；双贮粪池的尺寸应为长1500mm以上、宽1000mm、高800mm，单个贮粪池的容积应为0.5m^3左右。

5）寒冷地区粪尿分集式便器的排尿口内径大于5cm，寒冷地区使用尿肥的农户，可在厕所背阴面处冻层以下，建造容积为0.5m^3的贮尿池。

6）出粪口朝向要便于清掏，应密闭严实，防止雨水渗入。

（8）双瓮漏斗式厕所：

1）粪池应呈瓮形，肚大口小，前后瓮不得装反。

2）室外的前后瓮盖都应密闭且高于地面100~150mm，防止雨水渗入。

3）挖坑时需要在土坑内分别按照前后瓮体的最大外径，加扩3~5cm，沿土坑壁抹上厚度为3~5cm的水泥砂浆。

2.1.3.3 质量检查

（1）水冲式厕所：检查贮粪池是否密闭、不渗漏，粪便处理是否符合卫生无害化要求。

（2）三格化粪池厕所：

1）检查所用建筑材料是否符合材料要求。

2）检查化粪池结构、容积、池深、过粪管道位置是否符合要求。

3）化粪池建成后应经渗漏检验，不渗漏后方可投入使用。

4）检查出粪口的上边缘是否高出地面100mm，防止雨水渗入。

（3）三连通沼气池式厕所：池体完工，对沼气池各部分的几何尺寸进行复查，池体内表面应无蜂窝麻面、裂纹、砂眼、孔隙、渗水痕迹等明显缺陷，粉刷层不得有空壳和脱落。

（4）粪尿分集式厕所：

1）检查贮粪池是否渗漏。

2）检查烟气能否顺利从便器排粪口吸入，然后从排气管冒出。

（5）双瓮漏斗式厕所：

1）检查前后瓮瓮体及构件是否符合标准尺寸要求，以及是否漏水，不渗漏后方可投入运行。

2）检查后瓮瓮盖是否高出地面、是否密闭。

3）检查瓮体表面是否光滑平整，是否有龟裂、破损和残缺等现象。

2.1.3.4 运营与维护

（1）农村公共厕所应设置专门的保洁人员，保证公共厕所的清洁、卫生和设备、设施的完好。

（2）坚持卫生管理，厕所内须有能贮水的设施、纸篓等以便维护厕所的清洁卫生；应及时打扫保证厕所内地面无污水垃圾，便器内无粪迹、尿垢、杂物。

(3) 公共厕所贮粪池的粪便应及时清掏，粪池内的粪便不应超过粪池容积的四分之三。

(4) 清掏出的粪渣、粪皮、沼气池的沉渣必须进行无害化处理，应保证寄生虫卵沉降率在95%以上，在使用粪便中不得检验出血吸虫卵和钩虫卵。

(5) 粪尿分集式厕所应保持干燥，注意防潮，防雨水、地下水的进入。

(6) 双瓮漏斗式厕所的前后瓮应及时清掏，一般每年清除一到两次，清出的粪渣需进行无害化处理；禁止向后瓮导入新鲜粪液及其他杂物，禁止取用。

(7) 采用水冲式厕所的村庄，应对厕所井盖进行密封并采取防冻措施。

2.1.4 设施图例

厕所结构工程设施图例如图2-6~图2-12所示。

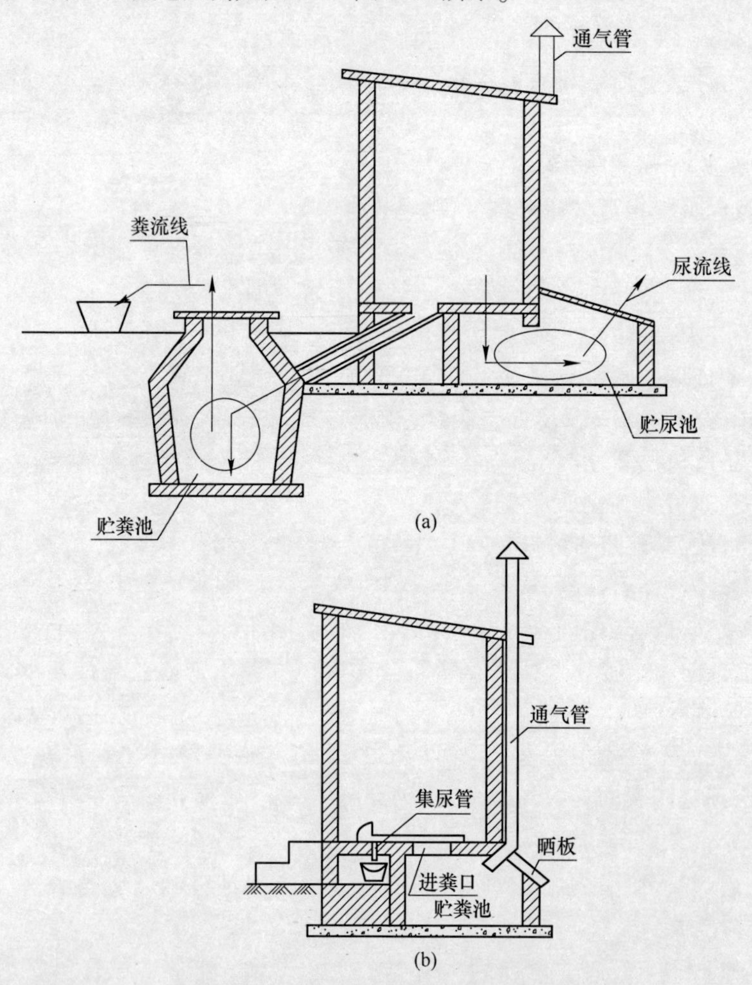

图2-6 粪尿分离式厕所示意图

(a) 粪尿分集式厕所粪尿流线示意图；(b) 粪尿分集式厕所组成结构示意图

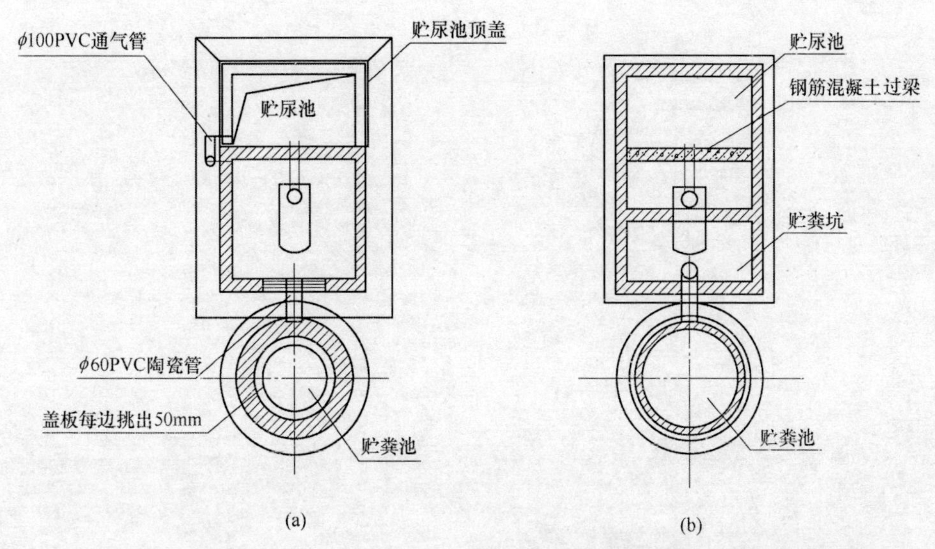

注：地面以上采用相应强度的页岩煤矸石砖，砂浆强度等级参考相关标准砌筑（地面以上采用实心砖或多孔砖砌筑，地下部分应采用实心砖）。

图 2-7 粪尿分离式厕所示意图

（a）粪尿分集式厕所地上部分平面示意图；

（b）粪尿分集式厕所地下部分平面示意图

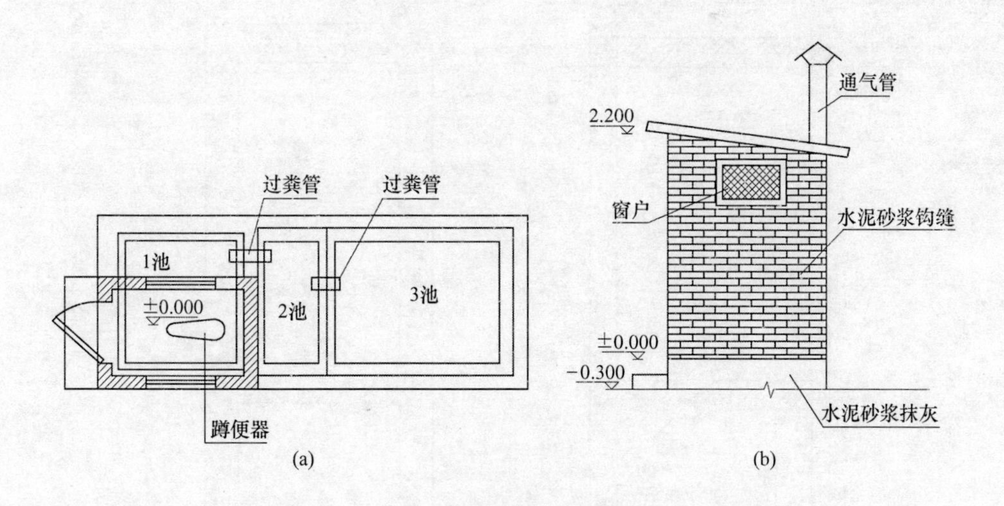

图 2-8 三格化粪池式厕所示意图

（a）三格化粪池式厕所平面示意图；（b）三格化粪池式厕所地上立面示意图

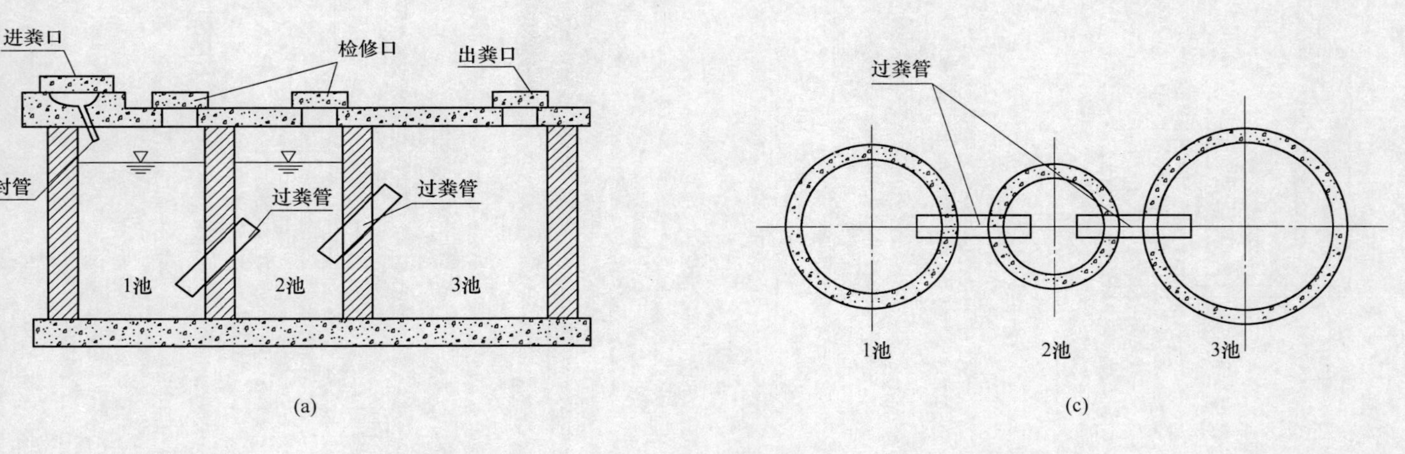

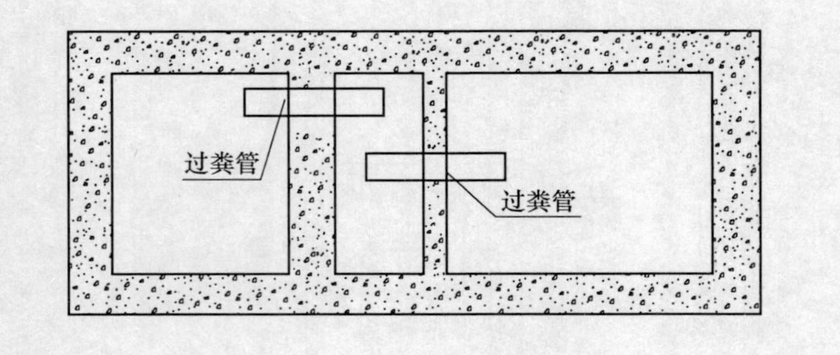

注：进粪口、过粪管、检修口及出粪口的管径及材质参考相关图集、标准、规范进行选择。

图2-9 方（圆）形化粪池示意图

（a）方（圆）形化粪池立面示意图；（b）方形化粪池平面示意图；（c）圆形化粪池平面示意图

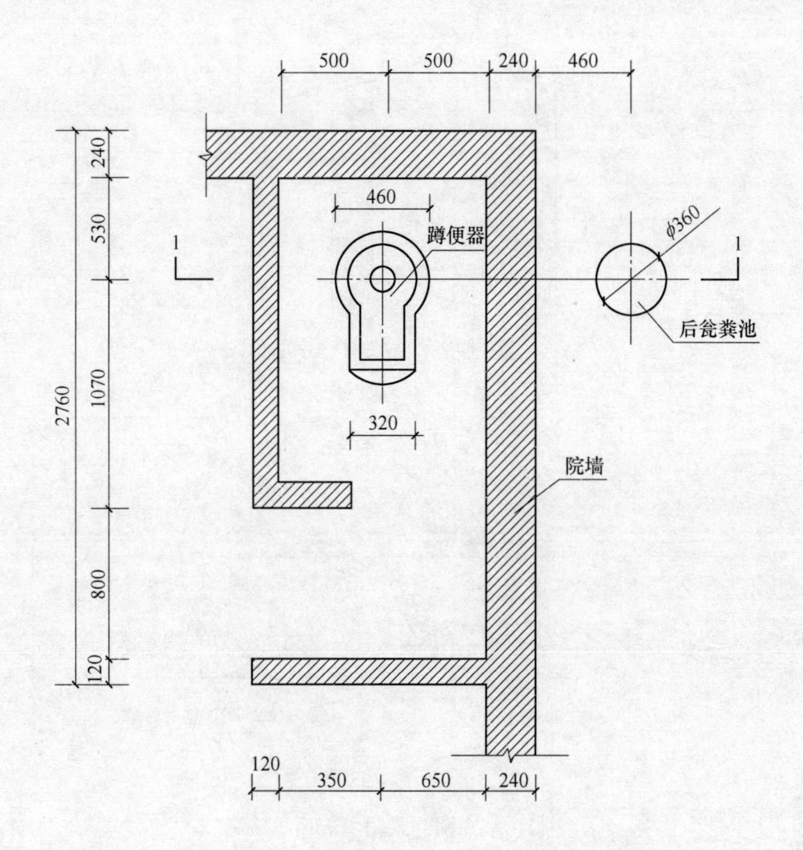

注：1. 该厕所主要适用于农村家庭使用，依原有院墙建造。
2. 厕所建成使用前，前瓮池应预先加水至淹没过粪管下口为宜，方可使用。
3. 前瓮粪池每年可取出漏斗，清掏粪渣。在安装漏斗时，可按漏斗外箱铺两层塑料薄膜，以便取放漏斗，后瓮粪池用盖子压严，防止进水。后瓮粪液，可随时取用。
4. 瓮底基础为150mm厚，3∶7灰土，待瓮就位后回填土应分层夯实。
5. 前、后瓮粪池及漏斗形蹲位，均为混凝土预制件。
6. 用以连接前、后瓮的过粪管，可采用水泥，陶瓷塑料制品等管材。瓮与过粪管采用承插管连接，在连接处用麻油填实，外抹水泥砂浆。
7. 漏斗形蹲位下口可连接直管，插入粪水中亦可不连，用户自定。

图 2-10　双瓮漏斗式厕所示意图

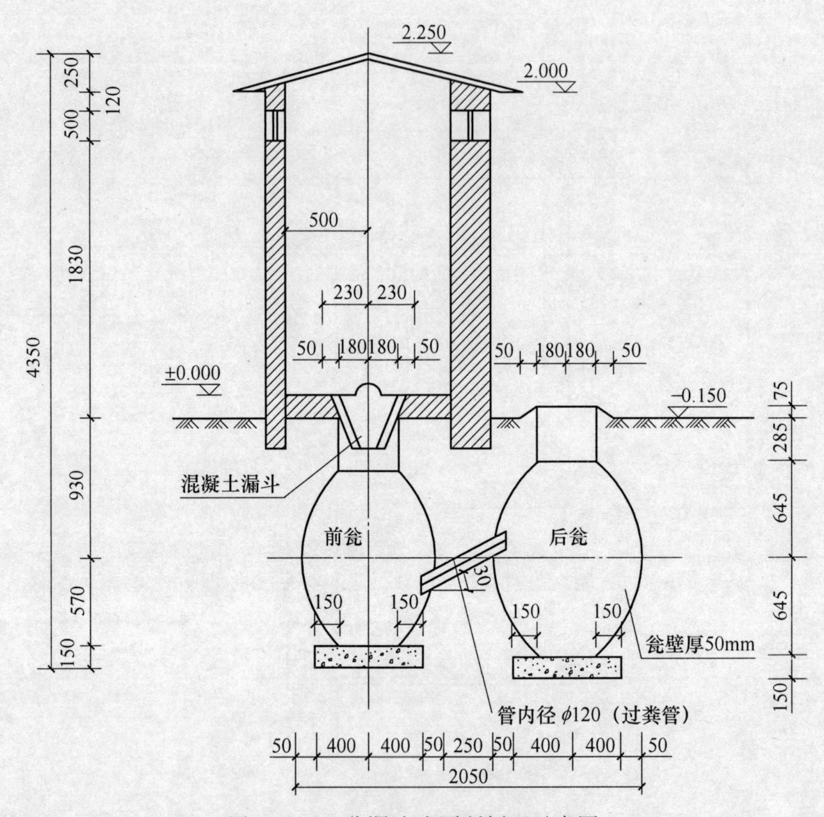

图 2-11 双瓮漏斗式厕所剖面示意图

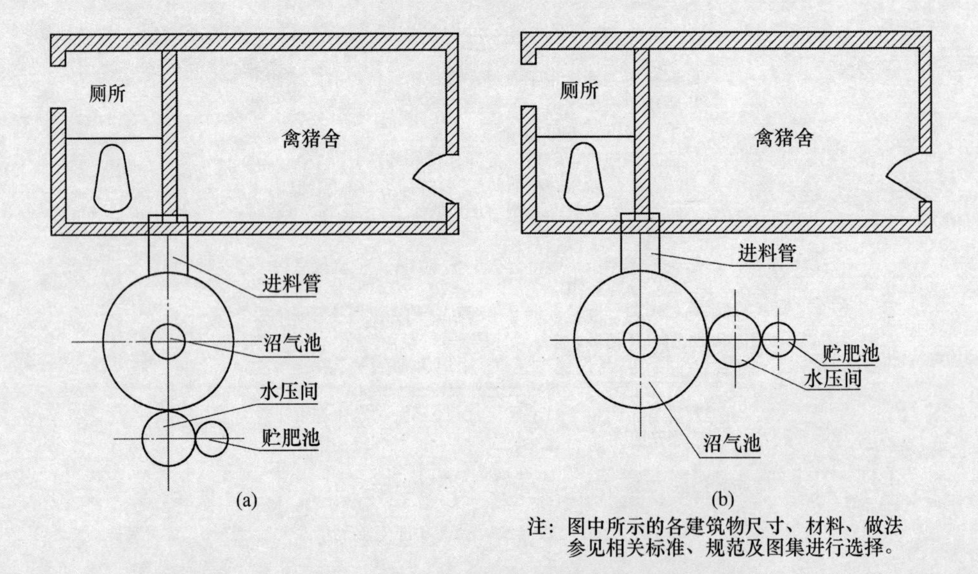

注：图中所示的各建筑物尺寸、材料、做法参见相关标准、规范及图集进行选择。

图 2-12 厕所及禽猪舍合建平面示意图

（a）厕所及禽猪舍合建平面示意图（1）；（b）厕所及禽猪舍合建平面示意图（2）

2.2 器具安装工程

2.2.1 概念内涵

卫生厕所器具安装工程具有穿墙、地面及地下管道多，工种复杂，交叉施工，互相干扰等特点。

厕所卫生设备有大便器、小便器、洗手盆、污水池等。卫生设备的数量及小便槽的长度取决于使用人数、使用对象、使用特点，但总体应遵循以下原则：

（1）使用要方便、舒适。

（2）要保证安全防水、防滑，进行必要的安全保护。

（3）通风采光效果要好。

（4）对于零度以下气温持续较长地区，室外厕所及公共卫生间，应考虑低温对设施内存水的影响。尽量采取受低温影响较小的技术。当采用水冲式厕所时，则应考虑到低温对水箱以及便池中存水的影响，采取适当措施保障厕所内温度或有存水处不至冰点，以免影响使用。

（5）对于高温期持续较长地区，在采用发酵等产生热量的粪便处理技术时，应当充分考虑使用者的舒适度，采用深埋、加长距离、增强通风排气等方法，尽量减少多余热量对厕所室内温度的影响。

（6）水冲式厕所适用于城镇化程度较高、居民集中、具有完整给排水管道系统的农村使用。

（7）过粪管宜采用直径 150mm 的陶瓷、水泥或 PVC 管，两根粪管交错安装，若池的容积过大，应增加过粪管的数量。

2.2.2 规范标准

2.2.2.1 当前我国村镇社区卫生厕所工程主要遵循的规范及标准

（1）《粪便无害化卫生要求》（GB 7959—2012）。

（2）《城市公共厕所设计标准》（GJJ 14—2016）。

（3）《农村户厕卫生规范》（GB 19379—2012）。

（4）《民用建筑设计通则》（GB 50352—2005）。

（5）《恶臭污染物排放标准》（GB 14554—1993）。

（6）《节水型生活用水器具》（CJ/T 164—2014）。

2.2.2.2 卫生厕所器具安装工程主要设计参数

（1）节水卫生设备。

1）厕所应采用先进、可靠、使用方便的节水卫生设备，卫生器具的节水功能应符合现行行业标准《节水型生活用水器具》（CJ/T 164—2014）的规定，便器宜采用 6L/次用水量的冲水系统，小便器宜采用半挂式便斗，每次用水量≤1.5L。

2）大便器宜采用具有水封功能的前冲式蹲便器，每次用水量≤4L。

3）应采用节水龙头，且最好采用生物或化学方式处理污水，循环用水冲便的厕所，处理后的水质必须达到要求。

（2）排气扇。公共厕所应合理布置通风方式，每个厕位不应小于 $40m^3/h$ 换气率，每个小便位不应小于 $20m^3/h$ 的换气率，并应优先考虑自然通风，当换气量不足时，应增设机械通风。相邻洁具间应提供不小于 65mm 的间隙，机械通风的换气频率应达到 3 次/h 以上，设置机械通风时，通风口应设在蹲（坐、站）位上方 1.75m 以上。

（3）管线、水箱。水箱应设置便于加水的加水口或加水管，加水管的内径应大于 25mm。

（4）厕所间应采用节能型电气设备和照明灯具，供电设计应符合 JGJ 16 的规定。

（5）不锈钢卫生器具的材质厚度≥1mm，采用压制成型工艺。外观应无明显色差和缺陷，表面光洁，无拉伸和焊接缺陷。平整、不变形、不翘曲，面板平面度允差≤2mm。

2.2.3 工艺要点

2.2.3.1 材料要求

（1）进粪管：塑料、铸铁、水泥管均可，内壁光滑，管内径为 9mm，长度为 300~500mm，防止结粪。

（2）过粪管：宜采用直径为 100~150mm 的塑料管或水泥管，需修内壁光滑；三格化粪池式厕所的 1~2 池间的过粪管长约 500~550mm，2~3 池间的过粪管长约 400~450mm。

（3）进出料管：宜采用 C20 混凝土预制，亦可采用成品管。

（4）排气管：应采用直径 100mm、长度高于厕屋 80~100mm 的硬质塑料管。

（5）收集管：应采用直径 100mm 的陶瓷钢管与金属管。

（6）管件构件：选用的塑料管直径宜为 1100mm，壁厚应不小于 2mm。

2.2.3.2 施工工艺与要点

（1）进行给水管道单项试压，以及与卫生洁具连接的排水管道灌水试验。

（2）将卫生洁具清理干净并对卫生洁具部分配件进行集中预装。家具盆、脸盆下水口预装；坐便器排出口预装；高低水箱配件的预装；浴盆下水配件的预装。

1）安装浮球阀。斜面橡胶垫不得装反，小头向下，如果背箱的孔不太圆，可以少量加点油灰，上根母时不能缺少垫片，方向应使浮球靠边一侧有上下活动的间隙，活动时不得紧贴水箱壁，根母拧至松紧适度为宜。

2）安装溢水管和出水阀。溢水管的方向、距离不能影响浮球上下移动，安装完试一下浮球是否影响翻板使用。

(3) 水冲式厕所：应使抽水机的铁管与抽水机的活塞杆平行。

(4) 三格化粪池厕所：

1）过粪管上端应与便器下口相连接，并加以固定，下端通向第一池。

2）过粪管安装与隔墙水平夹角呈60°，其中第一池到第二池过粪管下端（即粪液进口）位置在第一池下三分之一处，上端在第二池距离池顶100mm处，第二池到第三池过粪管下端（即粪液进口）位置在第二池的下三分之一处或中部二分之一处，上端在第三池距离池顶100mm处。

3）进粪管和过粪管的安装位置必须错开一定的角度，以免新鲜粪便直接进入第二、三池内，三池的盖板上方必须开口，一、二池为出渣口，三池为出粪口，需用一致的盖板密封二、三池的出渣口，粪口应留在过粪管正上方，以便过粪管疏通方便。

4）便器安装时以便器下口中心为基础，距离后墙不少于350mm，边墙不少于400mm。

(5) 三连通沼气池式厕所：

1）浇筑天窗口时，预留安装保险钢筋的小孔和输气管孔。

2）进料管应保证平直，以避免贮气室容积变小或者造成入料时容易发生堆料情况。

3）软塑料质输气管外需套粗水管防止软管压扁，影响正常输气。

4）室外输气管需埋入地下2.0cm，输气管道呈5%坡度铺设，便于输气管道内的积水流动。

5）压力表要固定在墙壁上比较醒目的地方，距离灶具不得超过1m。

(6) 粪尿分集式厕所：

1）排气管直径宜大于10cm，安装高度高于屋顶500mm。

2）便器和贮尿池的连接距离尽可能短，要直接相通并且不能有拐弯。

(7) 双瓮漏斗式厕所：

1）漏斗形便器应安放在前瓮的上口，要求密闭，但不应与瓮体固定死，在安装前，前瓮的安装槽边内垫1~3层的塑料薄膜，使漏斗便器和前瓮口隔离，增加前瓮的密闭程度，同时掏取前瓮粪渣时取放方便。

2）过粪管在前瓮安装于距瓮底 550mm 处，向后瓮上部距瓮底 110mm 处斜插，过粪管不得装反，由前向后仰，30°≤角度<40°。

3）排气管应与双瓮漏斗式厕所的前瓮相同，并高于厕屋 500mm 以上。

4）过粪管在前瓮安装于距离瓮底部 550mm 处，向后瓮上部距离后瓮底 110mm 处斜插。

5）过粪管长度应适中，在 55~75cm 之间，不可过长或过短，也不可反向倒置。

6）非水封漏斗便器的漏斗口，应加盖或用麻刷椎椎紧漏斗口，使用时拿开，用后椎紧即可。

2.2.3.3 质量检查

（1）水冲式厕所：上水不正常时，可检查抽水机是否扭曲、是否需要更换橡皮条、抽水喷嘴有无堵塞、皮碗有无损坏，针对问题，排除故障。

（2）三格化粪池厕所：

1）检查过粪管位置等是否符合要求。

2）检查第一池的通气管安装是否高于厕屋面 500mm，以防止臭气逸出。

（3）三连通沼气池式厕所：

1）检查进料管安装是否平直。

2）检查室外输气管埋入地下深度及坡度是否达到要求。

3）软塑料质输气管外是否套有粗水管。

（4）粪尿分集式厕所：检查吸热板安装是否严密无缝。

（5）双瓮漏斗式厕所：检查排气管是否安装正确，排气通畅。

2.2.3.4 运营与维护

（1）三格化粪池式厕所正式启用前应向第一池注入 100~200L 水，水位应高于第一池过粪管下端口，第三池的粪液应及时清掏，清掏的粪渣、粪皮、沼气池的沉渣须进行堆肥等无害化处理，第一、二池应每年清渣 1~2 次，粪皮、粪渣须经无害化处理。

（2）定期检查过粪管是否堵塞，并及时进行疏通。

（3）三连通沼气池式厕所应经常检查输配气管理，每 2~3 年检修沼气池一次，以保证沼气池正常运营。

（4）坚持卫生管理，厕所内须有贮水设施、盛水器皿、纸篓等。

（5）各项设施、管线等应合理使用和维护。

2.2.4 设施图例

器具安装工程设施图例如图 2-13~图 2-16 所示。

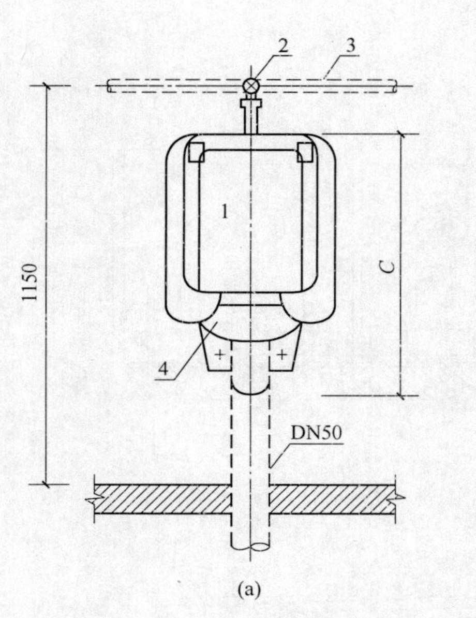

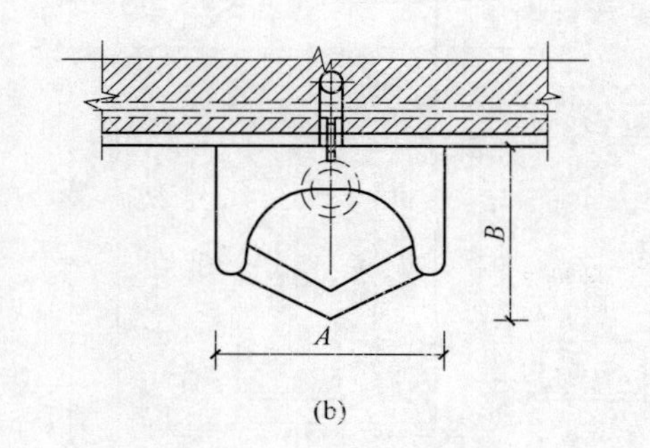

主要材料表

编号	名称	规格	材料	单位	数量
1	壁挂式小便器	带水封	陶瓷	个	1
2	延时自闭式冲洗阀	DN15	铜镀铬	套	1
3	冷水器	按设计	按设计	米	1
4	排水栓	DN50	铜	个	1
5	存水弯	DN40或DN32	PVC-U或铜镀铬	个	1
6	排水管	DN50	镀锌钢管	米	1

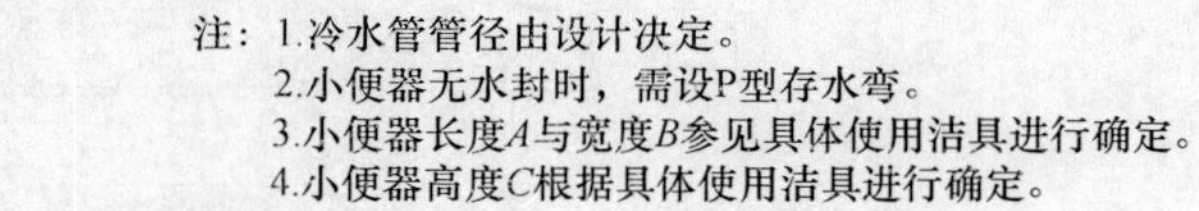
注：1.冷水管管径由设计决定。
2.小便器无水封时，需设P型存水弯。
3.小便器长度A与宽度B参见具体使用洁具进行确定。
4.小便器高度C根据具体使用洁具进行确定。

图 2-13　壁挂式小便器安装示意图

（a）立面示意图；（b）平面示意图；（c）侧面示意图

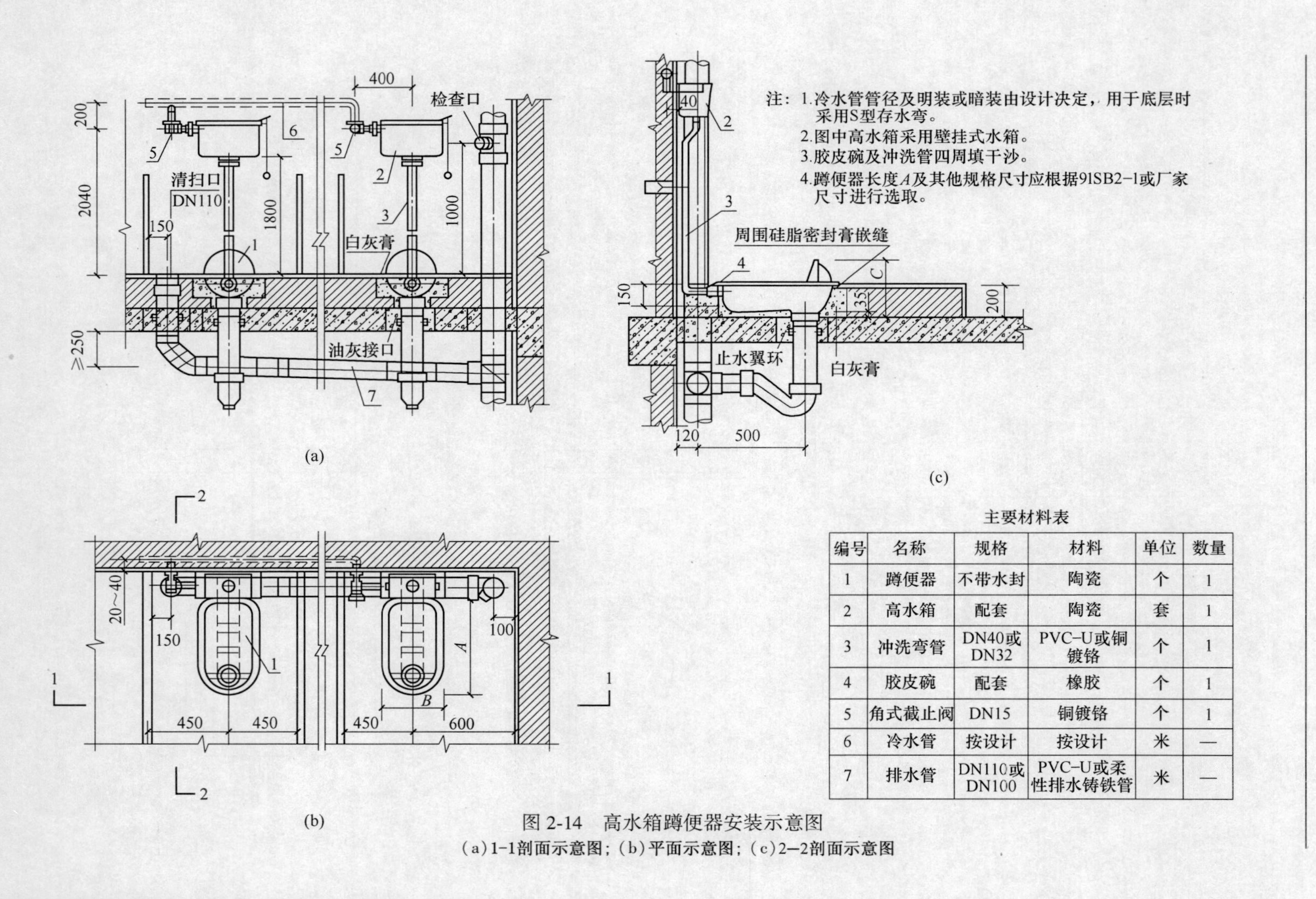

注：1.冷水管管径及明装或暗装由设计决定，用于底层时采用S型存水弯。
2.图中高水箱采用壁挂式水箱。
3.胶皮碗及冲洗管四周填干沙。
4.蹲便器长度A及其他规格尺寸应根据91SB2-1或厂家尺寸进行选取。

主要材料表

编号	名称	规格	材料	单位	数量
1	蹲便器	不带水封	陶瓷	个	1
2	高水箱	配套	陶瓷	套	1
3	冲洗弯管	DN40或DN32	PVC-U或铜镀铬	个	1
4	胶皮碗	配套	橡胶	个	1
5	角式截止阀	DN15	铜镀铬	个	1
6	冷水管	按设计	按设计	米	—
7	排水管	DN110或DN100	PVC-U或柔性排水铸铁管	米	—

图2-14 高水箱蹲便器安装示意图

(a)1-1剖面示意图；(b)平面示意图；(c)2-2剖面示意图

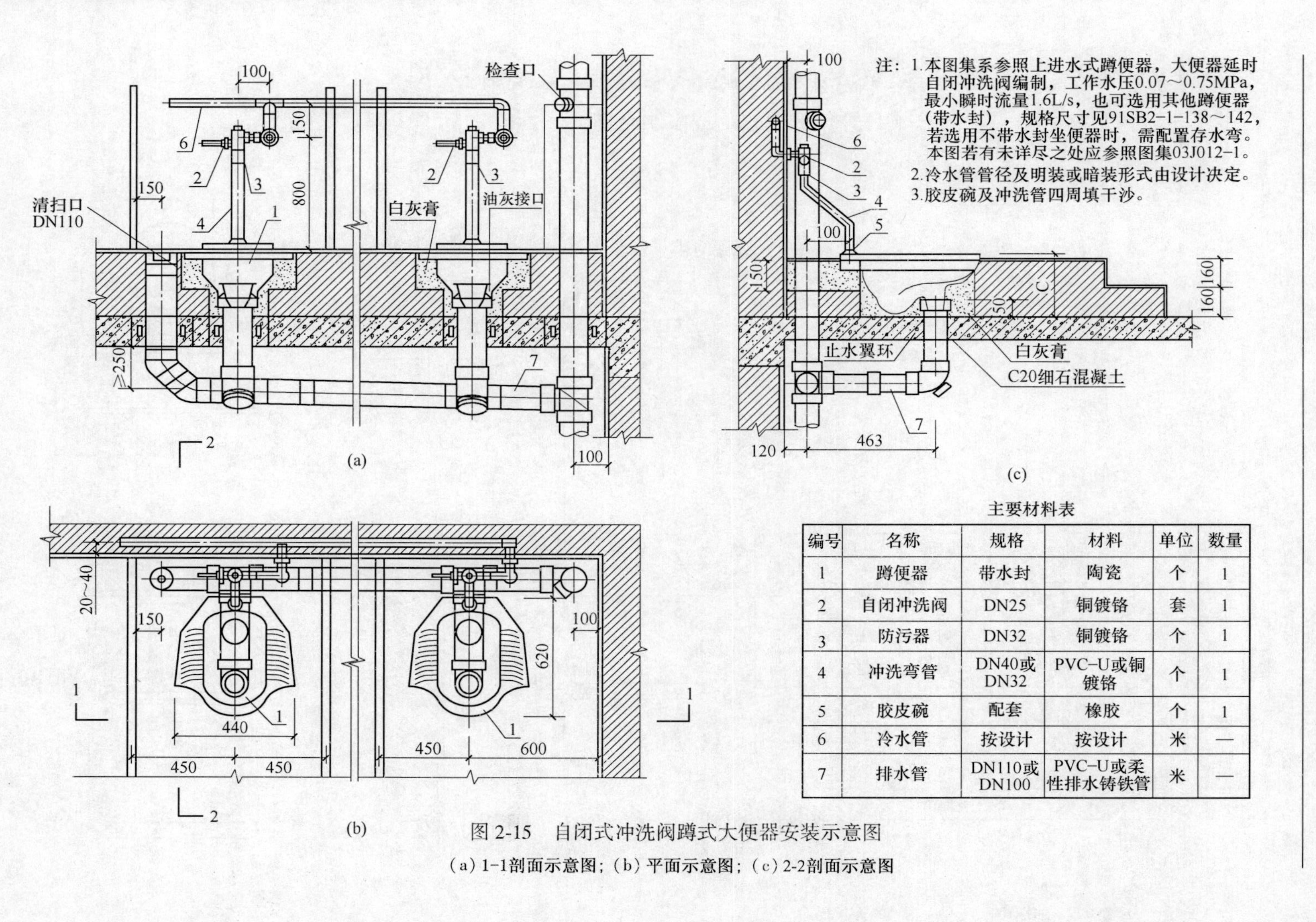

注：1.本图集系参照上进水式蹲便器，大便器延时自闭冲洗阀编制，工作水压0.07～0.75MPa，最小瞬时流量1.6L/s，也可选用其他蹲便器（带水封），规格尺寸见91SB2-1-138～142，若选用不带水封坐便器时，需配置存水弯。本图若有未详尽之处应参照图集03J012-1。

2.冷水管管径及明装或暗装形式由设计决定。

3.胶皮碗及冲洗管四周填干沙。

主要材料表

编号	名称	规格	材料	单位	数量
1	蹲便器	带水封	陶瓷	个	1
2	自闭冲洗阀	DN25	铜镀铬	套	1
3	防污器	DN32	铜镀铬	个	1
4	冲洗弯管	DN40或DN32	PVC–U或铜镀铬	个	1
5	胶皮碗	配套	橡胶	个	1
6	冷水管	按设计	按设计	米	—
7	排水管	DN110或DN100	PVC–U或柔性排水铸铁管	米	—

图 2-15 自闭式冲洗阀蹲式大便器安装示意图

（a）1-1剖面示意图；（b）平面示意图；（c）2-2剖面示意图

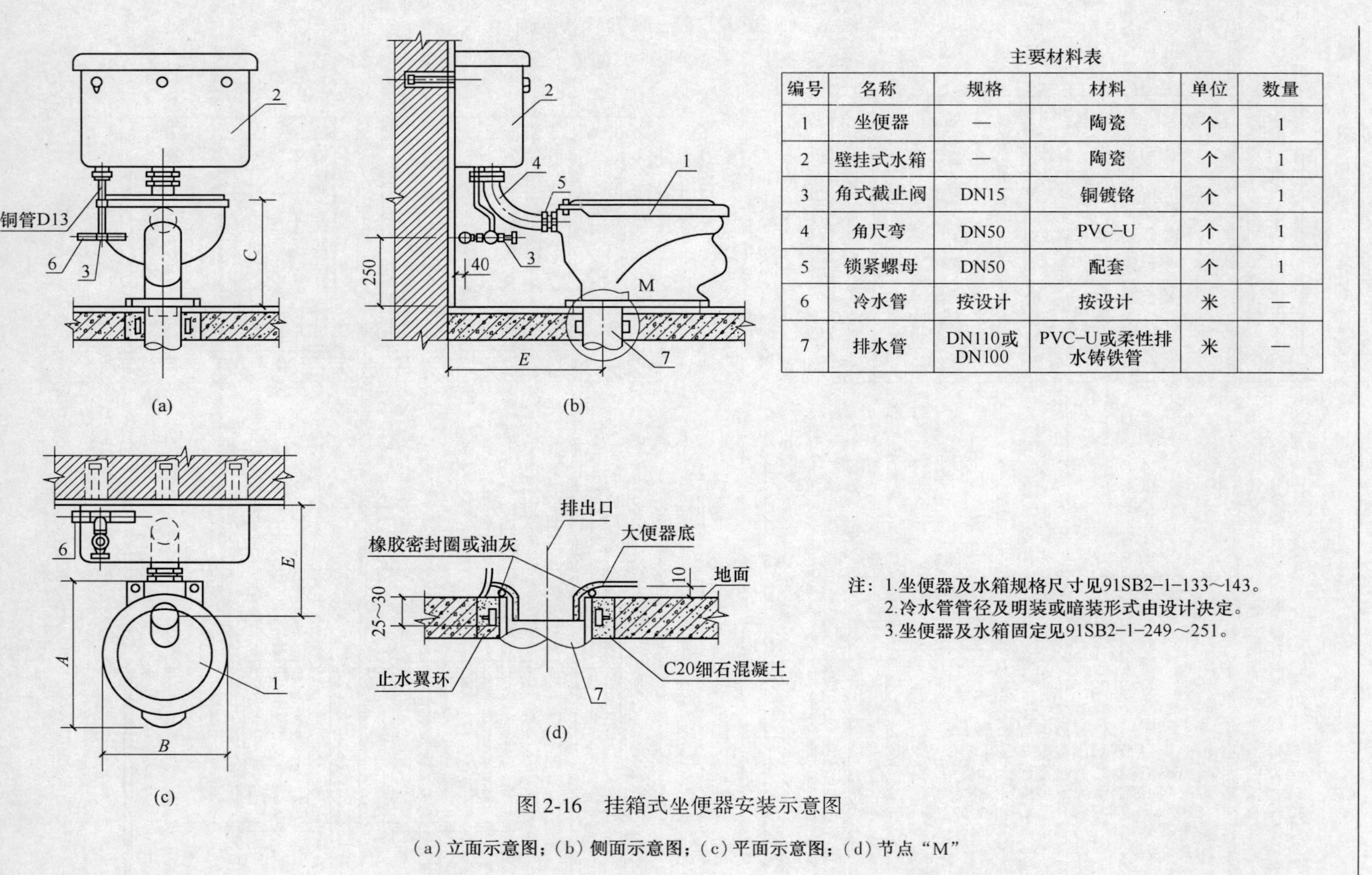

主要材料表

编号	名称	规格	材料	单位	数量
1	坐便器	—	陶瓷	个	1
2	壁挂式水箱	—	陶瓷	个	1
3	角式截止阀	DN15	铜镀铬	个	1
4	角尺弯	DN50	PVC-U	个	1
5	锁紧螺母	DN50	配套	个	1
6	冷水管	按设计	按设计	米	—
7	排水管	DN110或DN100	PVC-U或柔性排水铸铁管	米	—

注：1.坐便器及水箱规格尺寸见91SB2-1-133~143。
2.冷水管管径及明装或暗装形式由设计决定。
3.坐便器及水箱固定见91SB2-1-249~251。

图 2-16 挂箱式坐便器安装示意图

（a）立面示意图；（b）侧面示意图；（c）平面示意图；（d）节点“M”

3 粪便处理工程安全设计

3.1 沼气池工程

3.1.1 概念内涵

沼气是指有机物质在厌氧环境中，在一定的温度、湿度、酸碱度的条件下，通过微生物发酵作用，产生的一种可燃气体。由于这种气体最初是在沼泽、湖泊、池塘中发现的，所以人们叫它沼气。沼气是一种无色、有毒、有臭味的气体，是一种混合气体，主要成分是甲烷，其次有二氧化碳、硫化氢（H_2S）、氮及其他一些成分。沼气的组成中，可燃成分包括甲烷、硫化氢、一氧化碳和重烃等气体；不可燃成分包括二氧化碳、氮和氨等气体。在沼气成分中，甲烷含量为55%~70%，二氧化碳含量为28%~44%，硫化氢平均含量为0.034%。

沼气工程是指以粪便、秸秆等废弃物为原料，以能源生产为目标，最终实现沼气、沼液、沼渣综合利用的生态环保系统工程。原料的预处理、沼气发酵、发酵剩余物的后处理以及沼气的输配、贮用装置等共同构成沼气工程系统。它主要是通过厌氧发酵及相关处理降低粪水有机质含量，达到或接近排放标准并按厌氧发酵主体及配套工程技术设计工艺要求获取能源——沼气。沼气利用产品与设备技术主要是利用沼气或直接用于生活用能，或发电，或烧锅炉，或直接用于生产供暖，或作为化工原料等。

沼气细菌分解有机物，产生沼气的过程，称为沼气发酵。根据沼气发酵过程中各类细菌的作用，沼气细菌可以分为两大类：第一类细菌叫做分解菌，它的作用是将复杂的有机物分解成简单的有机物和二氧化碳（CO_2）等。这些细菌中专门分解纤维素的，叫纤维分解菌；专门分解蛋白质的，叫蛋白分解菌；专门分解脂肪的，叫脂肪分解菌。第二类细菌叫含甲烷细菌，通常叫甲烷菌，它的作用是把简单的有机物及二氧化碳氧化或还原成甲烷。因此，有机物变成沼气的过程，就好比工厂里生产一种产品的两道工序：首先是分解细菌将粪便、秸秆、杂草等复杂的有机物加工成半成品——结构简单的化合物；其次是在甲烷细菌的作用下，将简单的化合物加工成产品——即生成甲烷。

3.1.2 规范标准

3.1.2.1 当前我国村镇社区粪便处理工程常用的规范

(1)《户用沼气池质量检查验收规范》(GB/T 4751—2016)。

(2)《用户沼气池标准图集》(GB/T 4750—2002)。

(3)《农村户厕卫生规范》(GB 19379—2012)。

(4)《粪便无害化卫生标准》(GB 7959—2012)。

(5)《户用沼气池施工操作规程》(GB/T 4752—2016)。

(6)《农村户用沼气发酵工艺规程》(NY/T 90—2014)。

(7)《畜禽粪便无害化处理技术规范》(GB/T 36195—2018)。

(8)《沼气工程技术规范》(NY/T 1220—2019)。

(9)《户用沼气池运行维护规范》(NY/T 2451—2013)。

3.1.2.2 粪便处理工程主要设计参数

(1) 土方工程。

1) 沼气池池坑地基承载力设计值不小于50kPa。

检验方法:核查施工记录。

2) 回填土应分层夯实,其质量密度值要求达到1.8g/cm^3,偏差不大于(1.8±0.03)g/cm^3。

检验方法:检验施工记录及土质取样测定,每池取两点。

3) 池坑开挖标高、内径、池壁垂直度和表面平整度允许偏差及检验方法见表3-1。

表3-1 池坑开挖允许偏差

项目	允许偏差/mm	检验方法	检查点数
直径	+20	用精度为1mm的钢卷尺测量	4
标高	+15、-5	用水准仪按施工记录拉线,用精度为1mm的钢卷尺测量	4
垂直度	±10	用重锤线和精度为1mm的钢卷尺测量	4
表面平整度	±5	用1m靠尺和楔形塞尺测量	4

（2）模板工程。

1）砖模、钢模、木模、玻璃钢模和支撑件应有足够的强度、刚度和稳定性，并拆装方便。

检验方法：用手摇动和观察检查。

2）模板的缝隙以不漏浆为原则。

检验方法：观察检查。

3）水压式混凝土现浇沼气池模板安装允许偏差及检验方法见表3-2。

表3-2 现浇模板安装允许偏差

项目	分项	允许偏差值/mm	检验方法	检查点数
池与水压间标高	木模	±10	用精度为1mm的钢卷尺测量或用水准仪检查	4
	钢模	±5		4
断面尺寸		+5，−3	用精度为1mm的钢卷尺测量	4
池盖模板	曲率半径	±10	用曲率半径准绳测量	4

（3）混凝土工程。

1）检查拌制混凝土所用原材料的品种、规格和用量，每一工作班至少一次。

2）检查混凝土在浇筑地点的塌落度，每工作班至少一次。

3）混凝土的搅拌时间随时检查。

4）检查混凝土质量，当有条件时宜采用试块进行抗压强度检验，混凝土沼气池采用C15、C20标号强度。

5）用于检查混凝土质量的试件应采用钢模制作，应在混凝土的浇筑地点随机取样制作，试件的放置应符合规定。

6）试件强度试验的方法应符合GB/T 50081的规定。

7）每组三个试件应在同盘混凝土中取样制作，并按规定确定该组试件混凝土强度代表值。

8）检查混凝土质量不具备采用试块进行抗压强度试验验收条件时，可采用回弹仪法检测混凝土抗压强度与验收，混凝土抗压强度值应不低于GB/T 4750设计值的95%。

9）混凝土应振捣密实，单个蜂窝、麻面的面积不大于0.05m^2，蜂窝、麻面总面积不大于0.2m^2。

10）现浇混凝土沼气池允许偏差值及检验方法见表3-3。

表 3-3 现浇混凝土沼气池允许偏差

项目	允许偏差/mm	检验方法	检查点数
内径	+3 -5	拉线用精度为 1mm 的钢卷尺测量	4
外径	+5 -3	拉线用精度为 1mm 的钢卷尺测量	4
池墙标高	+5 -10	用水准仪检测或拉线用精度为 1mm 的钢卷尺测量	4
池墙垂直度	±5	吊线用精度为 1mm 的钢卷尺测量	4
弧面平整度	±4	用弧形尺和楔形塞尺检查	4
圈梁断面尺寸	+5 -3	拉线用精度为 1mm 的钢卷尺测量	4
池壁厚度	+5 -3	用精度为 1mm 的钢卷尺测量，取平均值	4

3.1.3 工艺要点

3.1.3.1 选址方法

（1）国标要求农村户用沼气池要实现一池三改的功能，沼气池要与养殖圈舍和厕所相连通。如果不是新建的一池三改工程，最好是把沼气池建在厕所和圈舍的旁边，便于向池内加料。

（2）要做到背风向阳，离厨房距离不得超过 25m，尽量选择土质坚实、地下水位低、出料方便的地方，并且远离大树，以防树根对池体造成破坏。

（3）建池方位一般选择坐北向南、背风朝阳的地方，最大限度得到太阳的辐射能量。

3.1.3.2　材料准备

（1）修建沼气池的石子和砂子都要保证不含杂草等有机物和塑料等物，含泥量不大于2%。

（2）砂子要求质地坚硬、洁净，泥土含量不大于2%，云母含量在0.5%以下，不含杂草等有机物和塑料等杂物。

（3）不得使用酸性和碱性水拌制混凝土砂浆以及养护。

3.1.3.3　场地处理

（1）沼气池放线平整场地，确定中心。按图纸标注主池尺寸，进料间、出料间、畜肥间尺寸规定放出大样。在尺寸线外1m左右打下四根定位桩，分别钉上钉子以便牵线，两线交点便是发酵池的圆心。

（2）注意在放线时，要结合施工场地的地面设施情况来确定池体中心和正负零标高基准线。

3.1.3.4　其他注意事项

（1）沼气站尽量靠近发酵原料的产地。沼气利用场地应远离居住区。建有公共建筑的地区应在场区主导风向的下风侧。

（2）沼气站的平面布置在规范基础上，应占地少、规划合理，还能满足工艺需要。

（3）沼气站内应设置消防通道和小型干粉灭火器或其他简单消防器材。

（4）厌氧反应器和贮气柜要有防雷设计，防雷接地装置的冲击接地电阻应小于4Ω。

（5）沼气站应远离铁路。厌氧反应器与相邻建筑的防火间距不应小于10m，贮气柜（低压湿式）与相邻建筑物的防火间距不应小于25m。

（6）沼气管道埋地敷设时，遵循“短而直、防止堵塞和便于清通”的原则，埋深应在冻土层以下，同时管顶的覆土厚度应符合要求。

（7）沼气站内必须设置给排水系统，雨污分离。

（8）要对反应器、贮气柜、管道等钢构件进行防腐及保温处理，应符合国家现行的国家标准。

（9）阀门管件实行双阀控制，便于维修。

（10）设计应遵循减少运行成本、降低能量消耗的原则。

（11）设计抽样检测口及温度控制，pH检测及H_2S检测仪。

3.1.4　设施图例

沼气池工程设施图例如图3-1~图3-8所示。

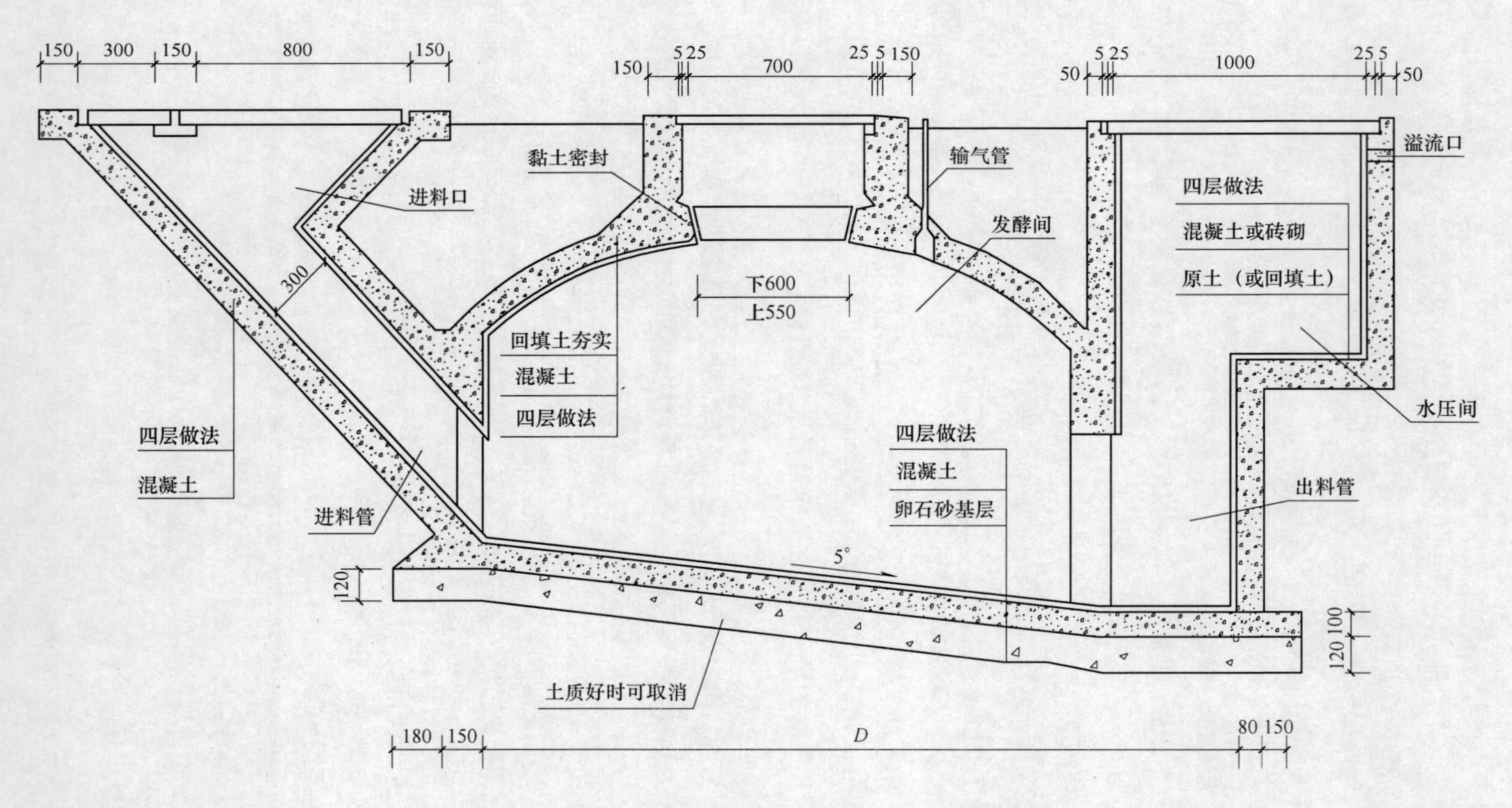

图 3-1 $6m^3$ 曲流布料沼气池（A 型）构造示意图

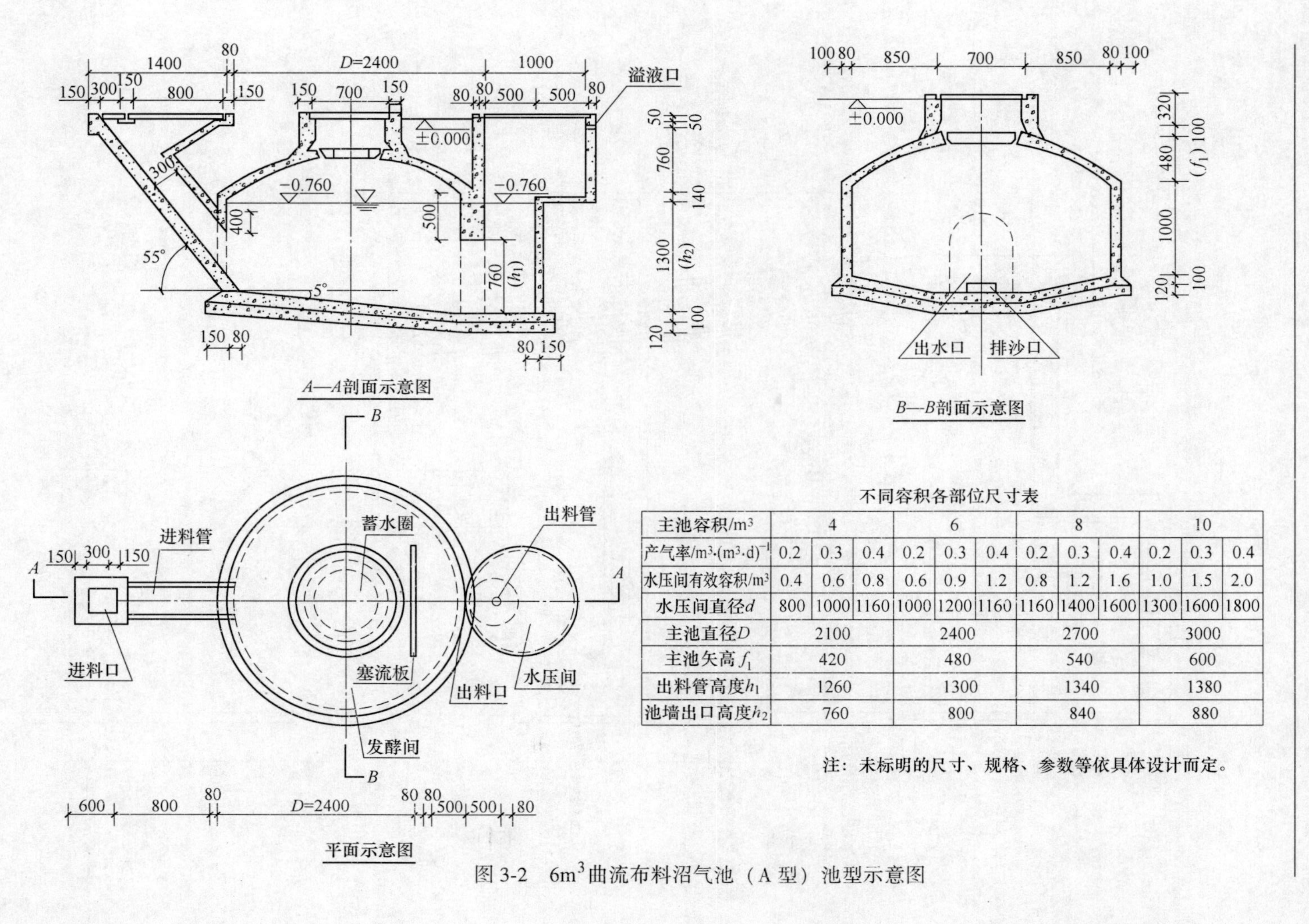

不同容积各部位尺寸表

主池容积/m³	4			6			8			10		
产气率/m³·(m³·d)⁻¹	0.2	0.3	0.4	0.2	0.3	0.4	0.2	0.3	0.4	0.2	0.3	0.4
水压间有效容积/m³	0.4	0.6	0.8	0.6	0.9	1.2	0.8	1.2	1.6	1.0	1.5	2.0
水压间直径d	800	1000	1160	1000	1200	1160	1160	1400	1600	1300	1600	1800
主池直径D	2100			2400			2700			3000		
主池矢高f_1	420			480			540			600		
出料管高度h_1	1260			1300			1340			1380		
池墙出口高度h_2	760			800			840			880		

注：未标明的尺寸、规格、参数等依具体设计而定。

图 3-2　6m³曲流布料沼气池（A 型）池型示意图

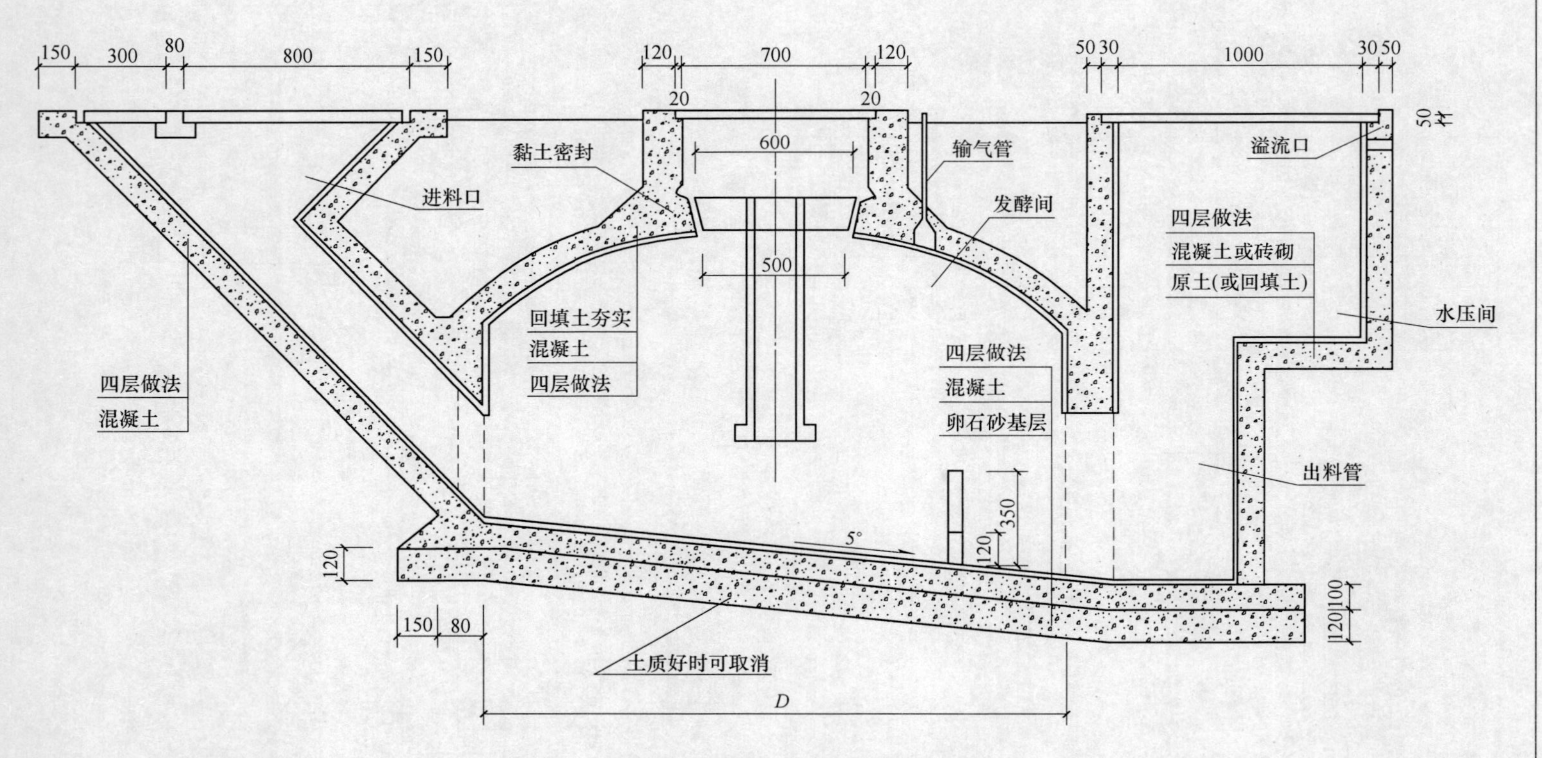

图 3-3 6m³曲流布料沼气池（B 型）构造示意图

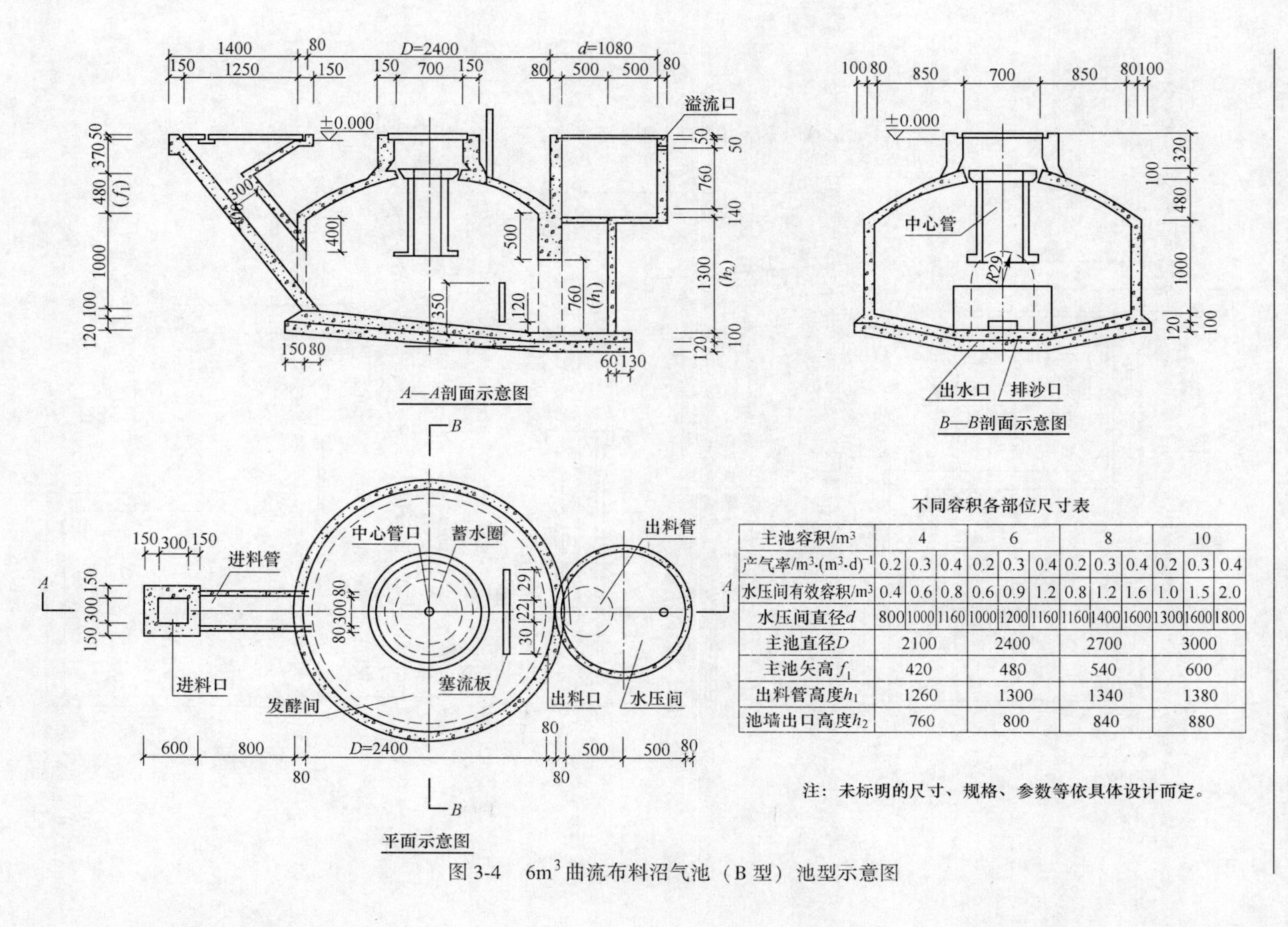

不同容积各部位尺寸表

主池容积/m³	4			6			8			10		
产气率/m³·(m³·d)$^{-1}$	0.2	0.3	0.4	0.2	0.3	0.4	0.2	0.3	0.4	0.2	0.3	0.4
水压间有效容积/m³	0.4	0.6	0.8	0.6	0.9	1.2	0.8	1.2	1.6	1.0	1.5	2.0
水压间直径d	800	1000	1160	1000	1200	1160	1160	1400	1600	1300	1600	1800
主池直径D	2100			2400			2700			3000		
主池矢高f_1	420			480			540			600		
出料管高度h_1	1260			1300			1340			1380		
池墙出口高度h_2	760			800			840			880		

注：未标明的尺寸、规格、参数等依具体设计而定。

图 3-4　$6m^3$ 曲流布料沼气池（B 型）池型示意图

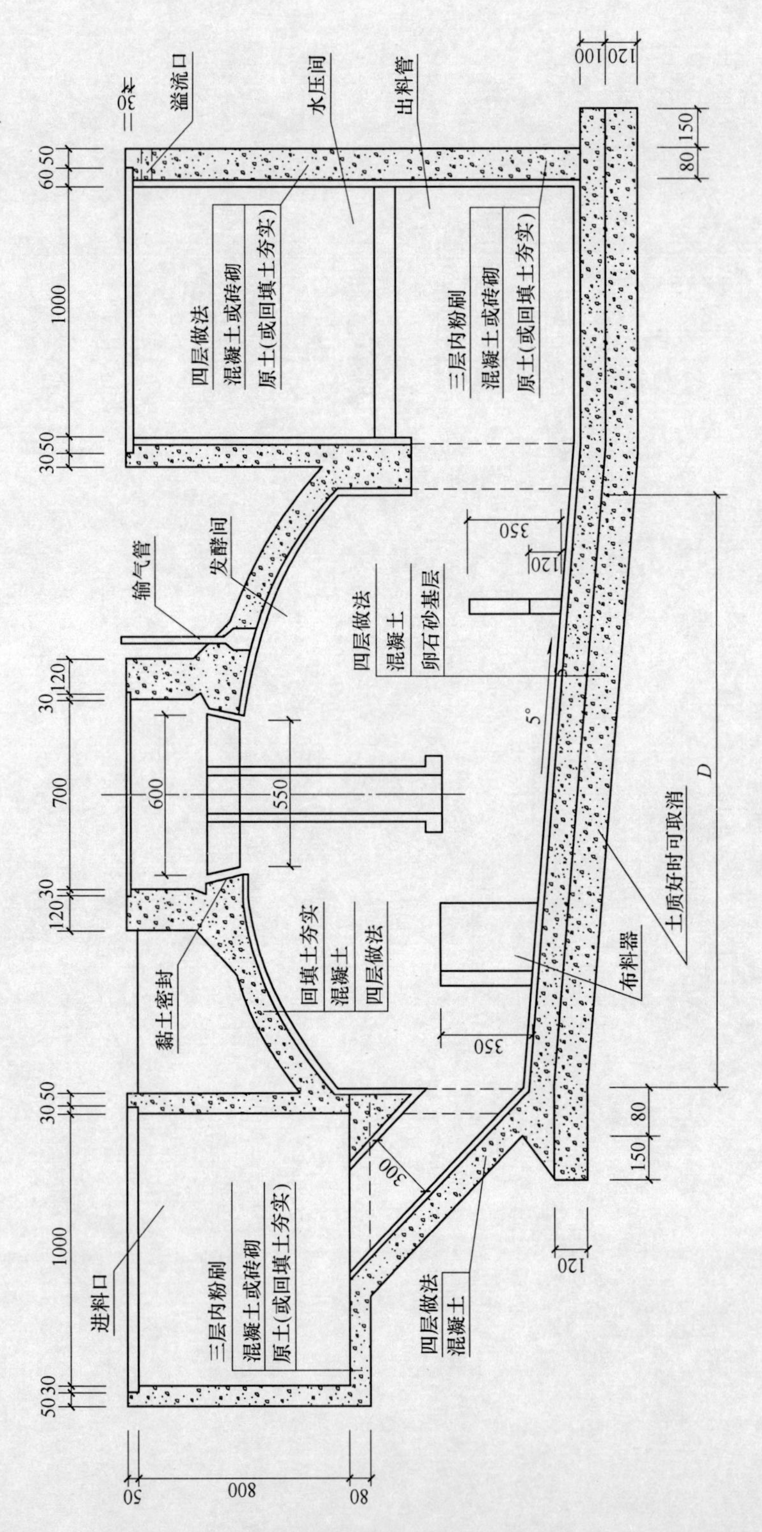

图3-5 6m³曲流布料沼气池（C型）构造示意图

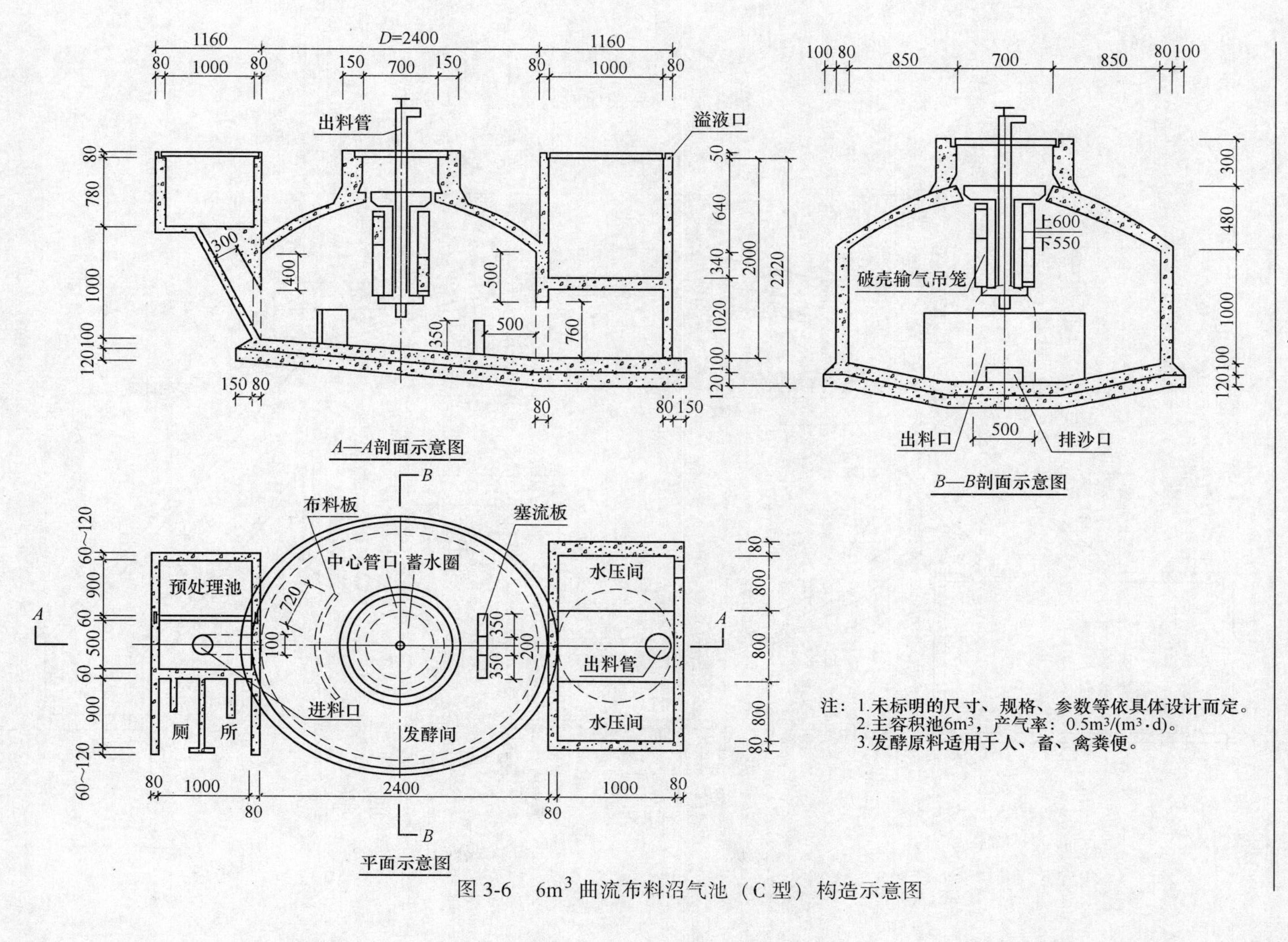

注：1.未标明的尺寸、规格、参数等依具体设计而定。
2.主容积池6m³，产气率：0.5m³/(m³·d)。
3.发酵原料适用于人、畜、禽粪便。

图 3-6 6m³ 曲流布料沼气池（C型）构造示意图

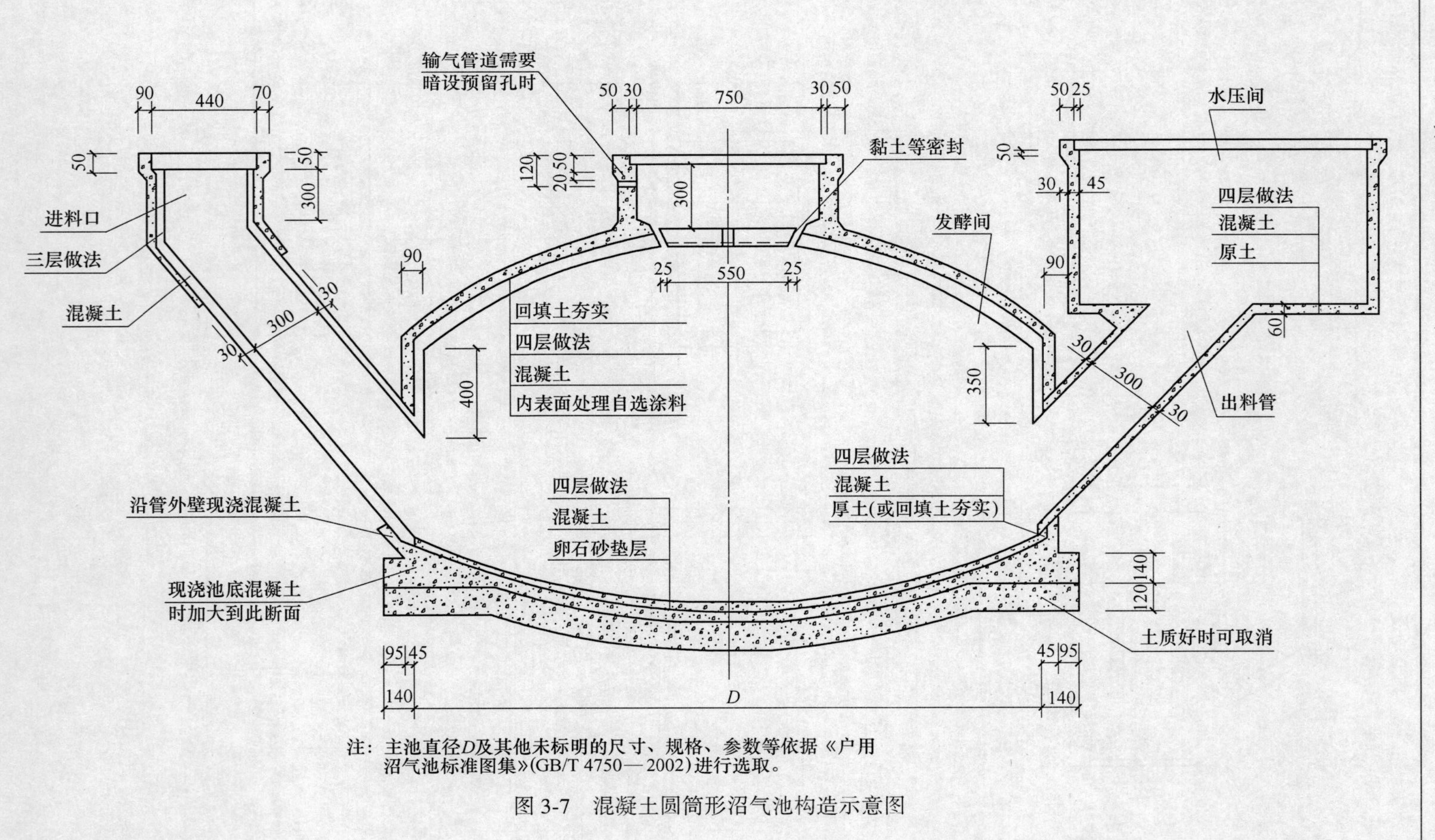

注：主池直径D及其他未标明的尺寸、规格、参数等依据《户用沼气池标准图集》(GB/T 4750—2002)进行选取。

图 3-7 混凝土圆筒形沼气池构造示意图

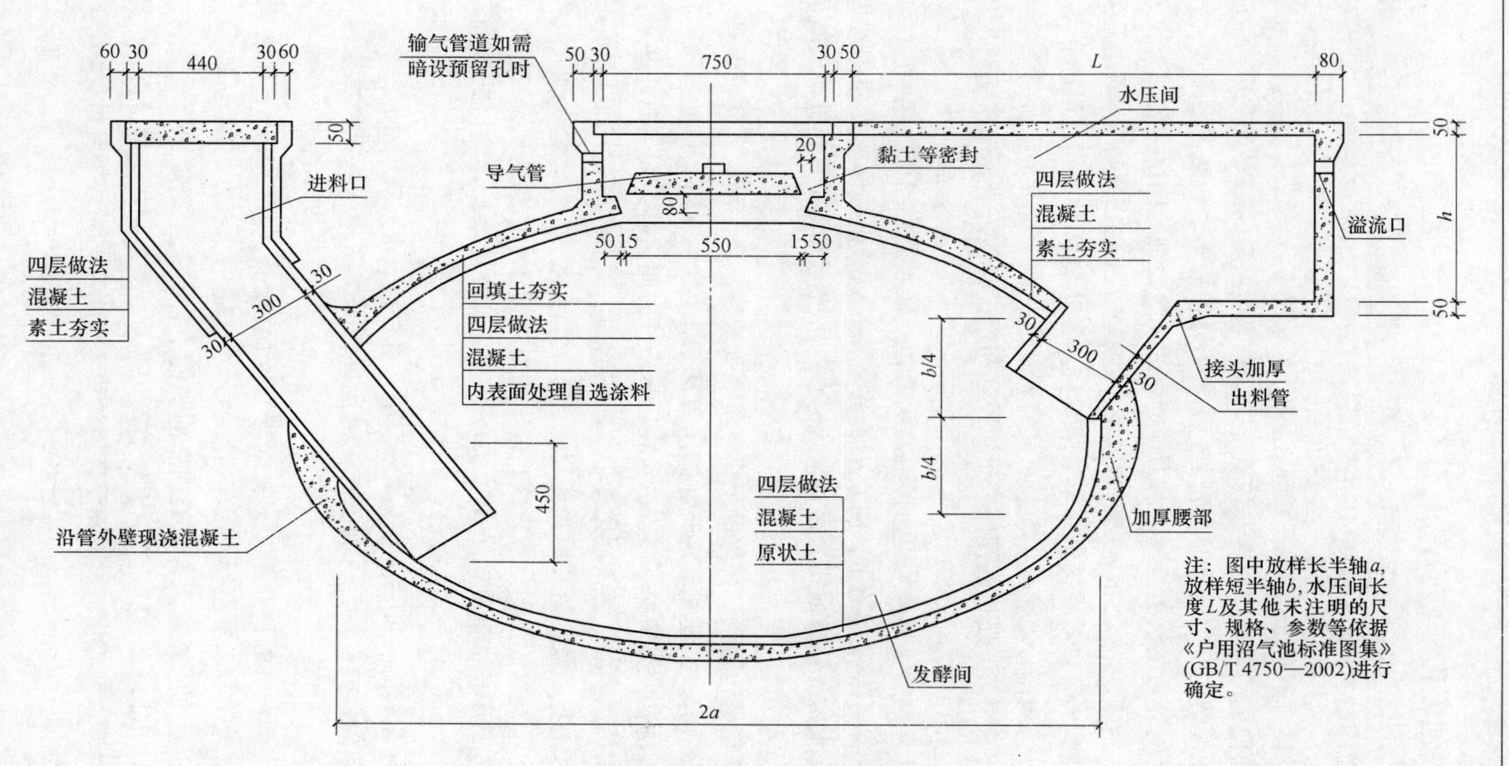

图 3-8 椭球形沼气池构造示意图

3.2 化粪池工程

3.2.1 概念内涵

农村地区普遍存在卫生厕所粪便污染环境和危害人体健康的问题。未经无害化处理的粪便会污染水源，导致肠道传染病和寄生虫病的爆发。因此，村庄整治中卫生厕所改造的目的就是通过粪便的无害化处理来实现切断传播途径、控制传染源，防止对环境的污染，降低对人体健康的风险。现行国家标准《粪便无害化卫生要求》（GB 7959）和《农村户厕卫生规范》（GB 19379）是确保卫生厕所粪便处理达到无害化效果的最基本要求，也是卫生厕所设计和建设的底线要求。同时在部分疾病流行地区，如血吸虫病流行地区，由于对卫生厕所粪便中血吸虫卵处理有特殊要求，所以粪便处理设施设计和建设必须符合相应疾病防控法规的要求。

化粪池是处理粪便并加以过滤沉淀的设备。其原理是固化物在池底分解，上层的水化物体进入管道流走，防止了管道堵塞，给固化物体（粪便等垃圾）有充足的时间水解。化粪池指的是将生活污水分格沉淀，及对污泥进行厌氧消化的小型处理构筑物。

化粪池能够通过厌氧腐化的工作环境杀灭蚊蝇虫卵，因此，其不但是一种处理粪便的有效方式，还能够临时性储存污泥，对生活污水进行预处理等。砖砌化粪池工程无法在低温情况下施工，且在运行较长时间后容易发生池件变形、局部开裂，出现污水渗漏、污染周边地下水质的问题。因此，在化粪池工程的施工过程中，防水工程是较为重要的一环。

化粪池是基本的污泥处理设施，同时也是生活污水的预处理设施，作用有：

（1）保障生活区的环境卫生，避免生活污水及污染物在居住环境的扩散与传播；

（2）在化粪池厌氧腐化的工作环境中，可以有效杀灭蚊蝇虫卵；

（3）临时性储存污泥，利于有机污泥进行厌氧腐化，熟化的有机污泥可作为农用肥料；

（4）生活污水的预处理（一级处理），沉淀杂质，并使大分子有机物水解，成为酸、醇等小分子有机物，改善后续的污水处理。

（5）卫生厕所粪便无害化处理后的粪便中含有大量氮磷钾等营养物质，合理并充分利用能减少化肥用量，利于粪污资源化，并能保护土壤、促进农作物生长、改善水体富营养化造成的面源环境污染，保持生态系统的良性循环，符合循环经济的要求。

3.2.2 规范标准

3.2.2.1 化粪池工程设计、施工与验收规范及标准

(1)《粪便无害化卫生要求》(GB 7959—2012)。

(2)《建筑地基基础工程施工质量验收规范》(GB 50202—2002)。

(3)《混凝土结构工程施工质量验收规范》(GB 50204—2015)。

(4)《城市公共厕所设计标准》(GJJ 14—2016)。

3.2.2.2 化粪池(罐)有效容积的计算

化粪池(罐)有效容积按下列公式计算:

$$V = V_w + V_n \tag{3-1}$$

$$V_w = \frac{m \cdot b_f \cdot q_w \cdot t_w}{24 \times 1000} \tag{3-2}$$

$$V_n = \frac{m \cdot b_f \cdot q_n \cdot t_n \cdot (1 - b_x) \cdot M_s \times 1.2}{(1 - b_n) \times 1000} \tag{3-3}$$

式中 V——化粪池(罐)有效容积,m^3;

V_w——化粪池(罐)中污水容积,m^3;

V_n——化粪池(罐)中污泥容积,m^3;

m——化粪池(罐)服务总人数,人;

b_f——化粪池(罐)实际使用人数占服务总人数的百分数(见表3-4);

q_w——每人每日计算污水量,L/(人·d)(见表3-5);

t_w——污水在池中停留时间,h;

q_n——每人每日计算污泥量,L/(人·d);

t_n——污泥清掏周期,d;

b_x——新鲜污泥含水率,可按95%计算;

b_n——发酵浓缩后的污泥含水率,可按95%计算;

M_s——污泥发酵浓缩后体积缩减系数,宜取0.8;

1.2——清掏后遗留20%的容积系数。

表3-4 化粪池(罐)使用人数百分数

建筑物名称	百分数/%
住宅、宿舍、旅馆	70

表3-5 化粪池(罐)每人每日计算污水量 (L)

建筑物分类	生活污水与生活废水合流排入	生活污水单独排入
有住宿的建筑物	0.7	0.4
人员逗留时间大于4h并小于等于10h的建筑物	0.3	0.2
人员逗留时间小于等于10h的建筑物	0.1	0.07

（1）钢筋混凝土及砖砌化粪池每人每日污水量（L）在生活污水与生活废水合流排出的情况下与用水量相同，在生活污水单独排出的情况下为20～30L，每人每日污泥量（L）在生活污水与生活废水合流排出的情况下为0.7L，在生活污水单独排出的情况下为0.4L。

（2）不同的建筑物或同一建筑物内有不同生活用水定额的设计参数的人员，其生活污水排入同一个化粪池（罐）时，应按式（3-1）～式（3-3）分别计算不同人员的污水容积和污泥容积，以叠加后的有效容积确定化粪池（罐）的有效容积。

（3）污水在池（罐）中停留时间 t_w 应根据污水量确定，宜采用12～24h；当化粪池（罐）用于医院污水消毒前的预处理时，宜采用24～36h。

（4）污泥清掏周期 t_n 应根据污水温度和当地气候条件并结合建筑物的使用要求确定，宜采用90～360d；当化粪池（罐）作为医院污水消毒前的处理时，污泥清掏周期宜按180～360d计算。污泥发酵所需时间与污水温度有关，参考如下：污水温度为6℃时，污泥发酵所需时间为210d；7℃时为180d；8.5℃时为150d；10℃时为120d；12℃时为90d；15℃时为60d。

3.2.3 工艺要点

3.2.3.1 材料要求

（1）粉煤灰、建筑生石灰、建筑生石灰粉的品质指标应符合现行行业标准中的有关规定。

（2）建筑生石灰、建筑生石灰粉熟化为石灰膏，其熟化时间分别不得少于7d和2d；沉淀池中储存的石灰膏，应防止干燥、冻结和污染，严禁使用脱水硬化的石灰膏；建筑生石灰粉、消石灰粉不得代替石灰膏配制水泥石灰砂浆。

（3）拌制砂浆用水的水质，应符合现行行业标准《混凝土用水标准》JGJ63的有关规定。

（4）砌体砌筑时，混凝土多孔砖、混凝土实心砖、蒸压灰砂砖、蒸压粉煤灰砖等块体的产品龄期不应小于28d。

3.2.3.2 施工工艺与要点

混凝土化粪池的施工过程如下：

（1）基础开挖。化粪池区域，清除地表土层，采用挖掘机开挖，边坡按规范放坡，基底留保护层，用人工开挖到设计高程。开挖应避免扰动。

（2）钢筋工程。按图进行分段配制，分类堆放并注明型号根数。具体配置时间、配制顺序应与施工顺序大致相同。同时，施工缝处梁的上下钢筋接头位置应满足规范要求。按照设计图上钢筋的规格和长度进行下料加工。按照流水的需要分段运至操作面进行绑扎。

（3）混凝土工程。化粪池底板采用一次性浇筑完成。混凝土浇筑完毕后及时遮盖，浇水养护，以防开裂渗水。地板采用斜面分层、薄层浇筑、一次到顶的浇筑方法，每个出料口必须配置振动机，振点分别布置在出料口两台、混凝土斜面中间一台、斜面下脚一台；混凝土斜面下脚必须严格、仔细地振捣。振捣时，遵循“快插慢拔”的原则，振点呈梅花状布置，振捣时间以不再有气泡冒出及混凝土不再沉陷为准。加强对钢筋密集部位混凝土的振捣，确保密实。振动机插入时，不宜碰撞钢筋、埋件、模板。墙体混凝土采用分层浇筑振捣的方法进行浇筑。

(4) 混凝土的养护。混凝土浇筑后立即进行养护。在养护期间，使混凝土表面保持湿润，防止雨淋、日晒和受冻。对混凝土外露面，待表面收浆、凝固后即用草帘等覆盖，并经常在模板及草帘上洒水，洒水养护时间应不少于7d。

3.2.3.3 质量检查

(1) 化粪池（罐）就位回填后应进行变形检验，基坑回填至设计标高后，在12~24h内应测量罐体直径竖向的初始变形量，并计算罐体直径的竖向初始变形率，其值不得超过罐体直径竖向允许变形率的2/3。

(2) 罐体直径的竖向初始变形量可采用圆形心轴或闭路电视等方法进行检验，测量偏差不应大于1mm。

(3) 当罐体直径的竖向初始变形率大于允许变形率的2/3，且罐体本身尚未损坏时，可按下列程序进行纠正，直至符合要求为止：

1) 挖出基坑回填土至露出罐体85%的直径高度。罐顶以上0.5m范围内及罐侧土必须采用人工挖掘；

2) 检查罐体，有损伤的应进行更换或修复；

3) 按回填要求，重新夯实并按密实度要求回填密实罐体底部的回填材料；

4) 复核罐体直径的竖向初始变形率。

3.2.3.4 运营维护

(1) 定期检查沼气管路系统及设备的严密性，如发现泄漏，应迅速停气修复。检修完毕的管路系统或储存设备，重新使用时必须进行气密性试验，合格后方可使用。沼气主管路上部不应设建筑物或堆放障碍物，不能通过重型卡车。预防沼气泄漏是运行安全的根本措施。

(2) 沼气储存设备需放空时，应间断释放，严禁将储存的沼气一次性排入大气。放空时应认真选择天气，在可能产生雷雨或闪电的天气严禁放空。另外，放空时应注意下风向有无明火或热源（如烟囱）。

(3) 沼气站内必须配备消火栓、若干灭火器及消防警示牌，并定期检查消防设施和器材的完好状况，保证其正常使用。应制定火警、易燃及有害气体泄漏、爆炸、自然灾害等意外事件的紧急应变程序和方法。

3.2.4 设施图例

化粪池工程设计参数见表3-6~表3-25。设施图例如图3-9~图3-17所示。

表 3-6 粪便污水和生活废水合流排入化粪池（钢筋混凝土）设计总人数表 （污泥量 0.7L/(人·d)）

型号	有效容积/m³	污水停留时间/h	住宅、集体宿舍、旅馆、宾馆 α=70%																							
			360d								180d								90d							
			50 L/(人·d)	100 L/(人·d)	150 L/(人·d)	200 L/(人·d)	250 L/(人·d)	300 L/(人·d)	400 L/(人·d)	500 L/(人·d)	50 L/(人·d)	100 L/(人·d)	150 L/(人·d)	200 L/(人·d)	250 L/(人·d)	300 L/(人·d)	400 L/(人·d)	500 L/(人·d)	50 L/(人·d)	100 L/(人·d)	150 L/(人·d)	200 L/(人·d)	250 L/(人·d)	300 L/(人·d)	400 L/(人·d)	500 L/(人·d)
1	2	12	17	17	15	13	12	11	9	8	33	26	21	18	15	14	11	9	52	36	27	22	18	16	13	10
		24	17	13	11	9	8	7	6	5	26	18	14	11	9	8	6	5	36	22	16	12	10	9	7	5
2	4	12	33	33	29	26	23	21	18	15	67	52	42	36	31	27	22	18	104	71	54	44	37	32	25	20
		24	33	26	21	18	15	14	11	9	52	36	27	22	18	16	12	10	71	44	32	25	20	17	13	11
3	6	12	49	49	44	39	35	32	27	23	100	78	63	54	46	41	33	28	156	107	81	66	55	48	38	31
		24	49	39	32	27	23	20	16	14	78	54	41	33	28	24	19	15	107	66	48	37	31	26	20	16
4	9	12	74	74	65	58	52	47	40	35	150	117	95	80	69	61	50	42	234	161	122	99	83	71	56	46
		24	74	58	47	40	35	31	25	21	170	80	61	50	42	36	28	23	161	99	71	56	46	39	30	24
5	12	12	99	99	87	77	69	63	53	46	200	156	126	107	92	82	66	55	312	214	162	132	110	95	75	61
		24	99	77	63	53	46	41	33	28	156	107	82	66	55	48	37	31	214	132	95	75	61	52	40	32
6	16	12	132	132	116	103	93	84	71	62	267	208	168	143	123	109	88	74	416	286	216	176	147	127	100	82
		24	132	103	84	71	62	54	44	37	208	143	109	88	74	64	50	41	286	176	127	99	82	69	53	43
7	20	12	165	165	145	129	116	105	89	77	333	260	211	179	154	136	110	92	520	357	270	220	184	159	125	102
		24	165	129	105	89	77	68	55	46	260	179	136	110	92	79	62	51	357	220	159	124	102	87	67	54
8	25	12	206	206	181	161	145	132	111	96	417	325	263	223	192	170	137	115	649	446	338	275	229	198	156	128
		24	206	161	132	111	96	85	69	58	325	223	170	137	115	99	78	64	446	275	198	155	128	108	83	67
9	30	12	282	250	217	194	173	158	133	115	500	390	316	268	231	204	165	138	779	536	405	330	275	238	188	154
		24	250	194	158	133	115	102	82	69	390	268	204	165	138	119	93	77	536	330	238	186	153	130	100	81
10	40	12	368	333	290	258	231	211	178	154	667	520	421	357	308	272	220	184	1039	714	541	440	367	318	250	204
		24	333	258	211	178	145	136	110	92	520	357	272	220	184	159	124	102	714	440	318	249	204	173	133	108
11	50	12	471	417	362	323	289	263	222	192	833	649	526	446	385	340	275	230	1299	893	676	550	459	397	313	255
		24	417	323	263	222	192	170	137	115	649	446	340	275	230	198	155	128	893	550	397	311	255	217	167	135
12	75	12	706	625	544	484	434	395	333	289	1250	974	790	670	577	510	412	346	1948	1339	1014	824	688	595	469	383
		24	625	484	395	333	289	254	206	172	974	670	510	412	346	298	233	191	1339	824	595	466	383	325	250	202
13	100	12	941	833	725	645	578	526	444	385	1667	1299	1053	893	769	680	550	461	2597	1786	1351	1099	917	794	625	510
		24	833	645	526	444	385	339	274	230	1299	893	680	550	461	379	311	255	1786	1099	794	621	510	433	333	270

表 3-7 粪便污水单独排入化粪池（钢筋混凝土）设计总人数表 （污泥量 0.4L/(人·d)）

型号	有效容积/m³	污水停留时间/h	住宅、集体宿舍、旅馆、宾馆 α=70%																	
			360d						180d						90d					
			20 L/(人·d)	30 L/(人·d)	40 L/(人·d)	60 L/(人·d)	80 L/(人·d)	100 L/(人·d)	20 L/(人·d)	30 L/(人·d)	40 L/(人·d)	60 L/(人·d)	80 L/(人·d)	100 L/(人·d)	20 L/(人·d)	30 L/(人·d)	40 L/(人·d)	60 L/(人·d)	80 L/(人·d)	100 L/(人·d)
1	2	12	29	29	29	29	26	24	58	57	53	44	39	34	105	87	77	61	50	43
		24	29	29	26	22	19	17	53	44	39	30	25	21	77	61	50	37	29	24
2	4	12	58	58	58	58	53	48	117	114	105	89	77	68	211	174	154	121	100	85
		24	58	58	53	44	39	34	105	89	77	61	50	43	154	121	100	74	59	49
3	6	12	88	88	88	87	79	72	175	171	158	133	115	102	316	261	231	182	150	128
		24	88	87	79	67	58	51	158	133	115	91	75	64	231	182	150	111	88	73
4	9	12	131	131	131	130	118	108	263	257	237	200	173	153	474	391	346	273	225	192
		24	131	130	118	100	87	76	237	200	173	136	113	96	346	273	225	167	132	110
5	12	12	175	175	175	174	158	145	350	343	316	267	231	203	632	522	462	364	300	255
		24	175	174	158	133	115	102	316	267	231	182	150	128	462	364	300	222	177	146
6	16	12	233	233	233	232	211	193	467	457	421	356	308	271	842	696	615	485	400	340
		24	233	232	211	178	154	136	421	356	308	242	200	170	615	485	400	296	235	195
7	20	12	292	292	292	290	263	241	583	571	526	444	385	339	1053	870	769	606	500	426
		24	292	290	263	222	192	170	526	444	385	303	250	213	769	606	500	370	294	244
8	25	12	365	365	365	365	365	365	729	714	658	556	481	424	1316	1087	962	758	625	532
		24	365	365	365	362	329	301	658	556	481	379	313	266	962	758	625	463	368	305
9	30	12	500	500	484	435	395	362	968	857	790	667	577	509	1579	1304	1154	909	750	638
		24	484	435	395	333	289	254	790	667	577	455	375	319	1154	909	750	556	441	366
10	40	12	667	667	645	580	526	482	1290	1143	1053	889	769	678	2105	1739	1539	1212	1000	851
		24	645	580	526	444	385	339	1053	889	769	606	500	426	1539	1212	1000	741	588	488
11	50	12	833	833	807	725	658	602	1613	1429	1316	1111	962	848	2632	2174	1923	1515	1250	1064
		24	807	725	658	556	481	424	1316	1111	962	758	625	532	1923	1515	1250	926	735	610
12	75	12	1250	1250	1210	1087	987	904	2419	2143	1974	1667	1442	1271	3947	3261	2885	2273	1875	1596
		24	1210	1087	987	833	721	636	1974	1667	1442	1136	938	798	2885	2273	1875	1389	1103	915
13	100	12	1667	1667	1613	1449	1316	1205	3226	2857	2632	2222	1923	1695	5263	4348	3846	3030	2500	2128
		24	1613	1449	1316	1111	962	848	2632	2222	1923	1515	1250	1064	3846	3030	2500	1852	1613	1220

表 3-8 1号~6号钢筋混凝土化粪池尺寸表（无地下水）

地下水	活荷载	覆土	化粪池			h	L	L_1	L_2	L_3	L_4	B	B_1	B_2	B_3	B_4	H	H_1	H_2	H_3	H_4
			池号	有效容积/m^3	型号	结构尺寸/mm															
无地下水	顶板不过汽车	无覆土	1	2	G1-2	850~1100	2950	1400	750	2750	700	1350	750	150	1150	100	1750	1400	850	2400~2650	600~850
			2	4	G1-4	850~1100	4800	3000	1000	4600	1000	1350	750	150	1150	100	1750	1400	850	2400~2650	600~850
			3	6	G1-6	850~1100	4800	3000	1000	4600	1000	1600	1000	300	1400	150	1850	1500	900	2500~2750	600~850
			4	9	G1-9	850~1100	4800	3000	1000	4600	1000	2100	1500	300	1900	150	1850	1500	900	2500~2750	600~850
			5	12	G5-12	850~1100	4800	3000	1000	4600	1000	2100	1500	300	1900	150	2350	2000	1200	3000~3250	600~850
			6	16	G6-16	850~1100	6000	3000	1000	5800	—	2600	2000	400	2400	300	1950	1600	960	2600~2850	630~850
		有覆土	1	2	G1-2F	1200~2500	2950	1400	750	2750	700	1350	750	150	1150	100	1750	1400	850	2300	500
			2	4	G1-4F	1200~2500	4800	3000	1000	4600	1000	1350	750	150	1150	100	1750	1400	850	2300	500
			3	6	G1-6F	1200~2500	4800	3000	1000	4600	1000	1600	1000	300	1400	150	1850	1500	900	2400	500
			4	9	G1-9F	1200~2500	4800	3000	1000	4600	1000	2100	1500	300	1900	150	1850	1500	900	2400	500
			5	12	G5-12F	1200~2500	4800	3000	1000	4600	1000	2100	1500	300	1900	150	2350	2000	1200	2900	500
			6	16	G6-16F	1200~2500	6000	3000	1000	5800	—	2600	2000	400	2400	300	1950	1600	960	2470	500
	顶板可过汽车	无覆土	1	2	G1-2Q	850~1100	2950	1400	750	2750	700	1350	750	150	1150	100	1750	1400	850	2400~2650	550~800
			2	4	G1-4Q	850~1100	4800	3000	1000	4600	1000	1350	750	150	1150	100	1750	1400	850	2400~2650	550~800
			3	6	G1-6Q	850~1100	4800	3000	1000	4600	1000	1600	1000	300	1400	150	1850	1500	900	2500~2750	550~800
			4	9	G1-9Q	850~1100	4800	3000	1000	4600	1000	2100	1500	300	1900	150	1850	1500	900	2500~2750	550~800
			5	12	G5-12Q	850~1100	4800	3000	1000	4600	1000	2100	1500	300	1900	150	2350	2000	1200	3000~3250	550~800
			6	16	G6-16Q	850~1100	6000	3000	1000	5800	—	2600	2000	400	2400	300	1950	1600	960	2600~2850	550~800
		有覆土	1	2	G1-2QF	1200~2500	2950	1400	750	2750	700	1350	750	150	1150	100	1750	1400	850	2300	500
			2	4	G1-4QF	1200~2500	4800	3000	1000	4600	1000	1350	750	150	1150	100	1750	1400	850	2300	500
			3	6	G1-6QF	1200~2500	4800	3000	1000	4600	1000	1600	1000	300	1400	150	1850	1500	900	2400	500
			4	9	G1-9QF	1200~2500	4800	3000	1000	4600	1000	2100	1500	300	1900	150	1850	1500	900	2400	500
			5	12	G5-12QF	1200~2500	4800	3000	1000	4600	1000	2100	1500	300	1900	150	2350	2000	1200	2900	500
			6	16	G6-16QF	1200~2500	6000	3000	1000	5800	—	2600	2000	400	2400	300	1950	1600	960	2500	500

表 3-9　7 号～13 号钢筋混凝土化粪池尺寸表（无地下水）

地下水	活荷载	覆土	化粪池			h	L	L_1	L_2	L_3	L_4	B	B_1	B_2	B_3	B_4	H	H_1	H_2	H_3	H_4
			池号	有效容积/m^3	型号	结构尺寸/mm															
无地下水	顶板不过汽车	无覆土	7	20	G7-20	850～1100	6000	3000	1000	5800	—	3100	2500	500	2900	450	1950	1600	960	2600～2850	630～880
			8	25	G8-25	850～1100	6000	3000	1000	5800	—	3100	2500	500	2900	450	2350	2000	1200	3000～3250	630～880
			9	30	G9-30	850～1100	6000	3000	1000	5800	—	3100	2500	500	2900	450	2750	2400	1700	3400～3650	630～880
			10	40	G10-40	850～1100	7400	3800	1300	7200	—	3100	2500	500	2900	450	2850	2500	1750	3500～3750	630～880
			11	50	G11-50	850～1100	9000	4800	1600	8800	—	3100	2500	500	2900	450	2850	2500	1750	3500～3750	630～880
		有覆土	7	20	G7-20F	1200～2500	6000	3000	1000	5800	—	3100	2500	500	2900	450	1950	1600	960	2470	500
			8	25	G8-25F	1200～2500	6000	3000	1000	5800	—	3100	2500	500	2900	450	2350	2000	1200	2870	500
			9	30	G9-30F	1200～2500	6000	3000	1000	5800	—	3100	2500	500	2900	450	2750	2400	1700	3270	500
			10	40	G10-40F	1200～2500	7400	3800	1300	7200	—	3100	2500	500	2900	450	2850	2500	1750	3370	500
			11	50	G11-50F	1200～2500	9000	4800	1600	8800	—	3100	2500	500	2900	450	2850	2500	1750	3370	500
			12	75	G12-75F	1200～2500	12000	6500	2200	11800	1275	3200	2500	500	3000	450	3200	2800	1900	3720	500
			12a	75	G12a-75F	1200～2500	8860	3300	1100	6300	—	5800	2500	500	5600	450	3150	2800	2000	3670	500
			13	100	G13-100F	1200～2500	13400	7300	2500	13200	1475	3700	3000	450	3500	425	3200	2800	1900	3720	500
			13a	100	G13a-100F	1200～2500	10600	4300	1500	8100	—	5800	2500	500	5600	100	3150	2800	2000	3670	500
	顶板可过汽车	无覆土	7	20	G7-20Q	850～1100	6000	3000	1000	5800	—	3100	2500	500	2900	150	1950	1600	960	2600～2850	630～880
			8	25	G8-25Q	850～1100	6000	3000	1000	5800	—	3100	2500	500	2900	450	2350	2000	1200	3000～3250	630～880
			9	30	G9-30Q	850～1100	6000	3000	1000	5800	—	3100	2500	500	2900	450	2750	2400	1700	3400～3650	630～880
			10	40	G10-40Q	850～1100	7400	3800	1300	7200	—	3100	2500	500	2900	450	2850	2500	1750	3500～3750	630～880
			11	50	G11-50Q	850～1100	9000	4800	1600	8800	—	3100	2500	500	2900	450	2850	2500	1750	3500～3750	630～880
		有覆土	7	20	G7-20QF	1200～2500	6000	3000	1000	5800	—	3100	2500	500	2900	450	1950	1600	960	2470	500
			8	25	G8-25QF	1200～2500	6000	3000	1000	5800	—	3100	2500	500	2900	450	2350	2000	1200	2870	500
			9	30	G9-30QF	1200～2500	6000	3000	1000	5800	—	3100	2500	500	2900	450	2750	2400	1700	3270	500
			10	40	G10-40QF	1200～2500	7400	3800	1300	7200	—	3100	2500	500	2900	450	2850	2500	1750	3370	500
			11	50	G11-50QF	1200～2500	9000	4800	1600	8800	—	3100	2500	500	2900	450	2850	2500	1750	3370	500
			12	75	G12-75QF	1200～2500	12000	6500	2200	11800	1275	3200	2500	500	3000	450	3200	2800	1900	3720	500
			12a	75	G12a-75QF	1200～2500	8860	3300	1100	6300	—	5800	2500	500	5600	450	3150	2800	2000	3670	500
			13	100	G13-100QF	1200～2500	13400	7300	2500	13200	1475	3700	3000	450	3500	425	3200	2800	1900	3720	500
			13a	100	G13a-100QF	1200～2500	10600	4300	1500	8100	—	5800	2500	500	5600	450	3150	2800	2000	3670	500

注：a 指双池。

表 3-10 1 号~6 号钢筋混凝土化粪池尺寸表（有地下水）

地下水	活荷载	覆土	化粪池			h	L	L_1	L_2	L_3	L_4	B	B_1	B_2	B_3	B_4	H	H_1	H_2	H_3	H_4
			池号	有效容积/m^3	型号	结构尺寸/mm															
有地下水	顶板不过汽车	无覆土	1	2	G1-2S	850~1100	2950	1400	750	2750	700	1350	750	150	1150	100	1750	1400	850	2400~2650	600~850
			2	4	G1-4S	850~1100	4800	3000	1000	4600	1000	1350	750	150	1150	100	1750	1400	850	2400~2650	600~850
			3	6	G1-6S	850~1100	4800	3000	1000	4600	1000	1600	1000	300	1400	150	1850	1500	900	2500~2750	600~850
			4	9	G1-9S	850~1100	4800	3000	1000	4600	1000	2100	1500	300	1900	150	1850	1500	900	2500~2750	600~850
			5	12	G5-12S	850~1100	4800	3000	1000	4600	1000	2100	1500	300	1900	150	2350	2000	1200	3000~3250	600~850
			6	16	G6-16S	850~1100	6000	3000	1000	5800	—	2600	2000	400	2400	300	1950	1600	960	2600~2850	630~850
		有覆土	1	2	G1-2SF	1200~2500	2950	1400	750	2750	700	1350	750	150	1150	100	1750	1400	850	2300	500
			2	4	G1-4SF	1200~2500	4800	3000	1000	4600	1000	1350	750	150	1150	100	1750	1400	850	2300	500
			3	6	G1-6SF	1200~2500	4800	3000	1000	4600	1000	1600	1000	300	1400	150	1850	1500	900	2400	500
			4	9	G1-9SF	1200~2500	4800	3000	1000	4600	1000	2100	1500	300	1900	150	1850	1500	900	2400	500
			5	12	G5-12SF	1200~2500	4800	3000	1000	4600	1000	2100	1500	300	1900	150	2350	2000	1200	2400	500
			6	16	G6-16SF	1200~2500	6000	3000	1000	5800	—	2600	2000	400	2400	300	1950	1600	960	2470	500
	顶板可过汽车	无覆土	1	2	G1-2SQ	850~1100	2950	1400	750	2750	700	1350	750	150	1150	100	1750	1400	850	2400~2650	550~800
			2	4	G1-4SQ	850~1100	4800	3000	1000	4600	1000	1350	750	150	1150	100	1750	1400	850	2400~2650	550~800
			3	6	G1-6SQ	850~1100	4800	3000	1000	4600	1000	1600	1000	300	1400	150	1850	1500	900	2500~2750	550~800
			4	9	G1-9SQ	850~1100	4800	3000	1000	4600	1000	2100	1500	300	1900	150	1850	1500	900	2500~2750	550~800
			5	12	G5-12SQ	850~1100	4800	3000	1000	4600	1000	2100	1500	300	1900	150	2350	2000	1200	3000~3250	550~800
			6	16	G6-16SQ	850~1100	6000	3000	1000	5800	—	2600	2000	400	2400	300	1950	1600	960	2600~2850	550~800
		有覆土	1	2	G1-2SQF	1200~2500	2950	1400	750	2750	700	1350	750	150	1150	100	1750	1400	850	2300	500
			2	4	G1-4SQF	1200~2500	4800	3000	1000	4600	1000	1350	750	150	1150	100	1750	1400	850	2300	500
			3	6	G1-6SQF	1200~2500	4800	3000	1000	4600	1000	1600	1000	300	1400	150	1850	1500	900	2400	500
			4	9	G1-9SQF	1200~2500	4800	3000	1000	4600	1000	2100	1500	300	1900	150	1850	1500	900	2400	500
			5	12	G5-12SQF	1200~2500	4800	3000	1000	4600	1000	2100	1500	300	1900	150	2350	2000	1200	2400	500
			6	16	G6-16SQF	1200~2500	6000	3000	1000	5800	—	2600	2000	400	2400	300	1950	1600	960	2500	500

表 3-11 7号~13号钢筋混凝土化粪池尺寸表（有地下水）

地下水	活荷载	覆土	化粪池 池号	有效容积/m^3	型号	h	L	L_1	L_2	L_3	L_4	B	B_1	B_2	B_3	B_4	H	H_1	H_2	H_3	H_4
						结构尺寸/mm															
有地下水	顶板不过汽车	无覆土	7	20	G7-20S	850~1100	6000	3000	1000	5800	—	3100	2500	500	2900	450	1950	1600	960	2600~2850	630~880
			8	25	G8-25S	850~1100	6000	3000	1000	5800	—	3100	2500	500	2900	450	2350	2000	1200	3000~3250	630~880
			9	30	G9-30S	850~1100	6000	3000	1000	5800	—	3100	2500	500	2900	450	2750	2400	1700	3400~3650	630~880
			10	40	G10-40S	850~1100	7400	3800	1300	7200	—	3100	2500	500	2900	450	2850	2500	1750	3500~3750	630~880
			11	50	G11-50S	850~1100	9000	4800	1600	8800	—	3100	2500	500	2900	450	2850	2500	1750	3500~3750	630~880
		有覆土	7	20	G7-20SF	1200~2500	6000	3000	1000	5800	—	3100	2500	500	2900	450	1950	1600	960	2470	500
			8	25	G8-25SF	1200~2500	6000	3000	1000	5800	—	3100	2500	500	2900	450	2350	2000	1200	2870	500
			9	30	G9-30SF	1200~2500	6000	3000	1000	5800	—	3100	2500	500	2900	450	2750	2400	1700	3270	500
			10	40	G10-40SF	1200~2500	7400	3800	1300	7200	—	3100	2500	500	2900	450	2850	2500	1750	3370	500
			11	50	G11-50SF	1200~2500	9000	4800	1600	8800	—	3100	2500	500	2900	450	2850	2500	1750	3370	500
			12	75	G12-75SF	1200~2500	12000	6500	2200	11800	1275	3200	2500	500	3000	450	3200	2800	1900	3720	500
			12a	75	G12a-75SF	1200~2500	8860	3300	1100	6300	—	5800	2500	500	5600	450	3150	2800	2000	3670	500
			13	100	G13-100SF	1200~2500	13400	7300	2500	13200	1475	3700	3000	450	3500	425	3200	2800	1900	3720	500
			13a	100	G13a-100SF	1200~2500	10600	4300	1500	8100	—	5800	2500	500	5600	100	3150	2800	2000	3670	500
	顶板可过汽车	无覆土	7	20	G7-20SQ	850~1100	6000	3000	1000	5800	—	3100	2500	500	2900	150	1950	1600	960	2600~2850	550~800
			8	25	G8-25SQ	850~1100	6000	3000	1000	5800	—	3100	2500	500	2900	450	2350	2000	1200	3000~3250	550~800
			9	30	G9-30SQ	850~1100	6000	3000	1000	5800	—	3100	2500	500	2900	450	2750	2400	1700	3400~3650	550~800
			10	40	G10-40SQ	850~1100	7400	3800	1300	7200	—	3100	2500	500	2900	450	2850	2500	1750	3500~3750	550~800
			11	50	G11-50SQ	850~1100	9000	4800	1600	8800	—	3100	2500	500	2900	450	2850	2500	1750	3500~3750	550~800
		有覆土	7	20	G7-20SQF	1200~2500	6000	3000	1000	5800	—	3100	2500	500	2900	450	1950	1600	960	2470	500
			8	25	G8-25SQF	1200~2500	6000	3000	1000	5800	—	3100	2500	500	2900	450	2350	2000	1200	2870	500
			9	30	G9-30SQF	1200~2500	6000	3000	1000	5800	—	3100	2500	500	2900	450	2750	2400	1700	3270	500
			10	40	G10-40SQF	1200~2500	7400	3800	1300	7200	—	3100	2500	500	2900	450	2850	2500	1750	3370	500
			11	50	G11-50SQF	1200~2500	9000	4800	1600	8800	—	3100	2500	500	2900	450	2850	2500	1750	3370	500
			12	75	G12-75SQF	1200~2500	12000	6500	2200	11800	1275	3200	2500	500	3000	450	3200	2800	1900	3720	500
			12a	75	G12a-75SQF	1200~2500	8860	3300	1100	6300	—	5800	2500	500	5600	450	3150	2800	2000	3670	500
			13	100	G13-100SQF	1200~2500	13400	7300	2500	13200	1475	3700	3000	450	3500	425	3200	2800	1900	3720	500
			13a	100	G13a-100SQF	1200~2500	10600	4300	1500	8100	—	5800	2500	500	5600	450	3150	2800	2000	3670	500

注：a 指双池。

表 3-12 粪便污水和生活废水合流排入化粪池（砖砌）设计总人数表 （污泥量 0.7L/(人·d)）

型号	有效容积/m³	污水停留时间/h	住宅、集体宿舍、旅馆、宾馆 α=70%																							
			360d								180d								90d							
			50 L/(人·d)	100 L/(人·d)	150 L/(人·d)	200 L/(人·d)	250 L/(人·d)	300 L/(人·d)	400 L/(人·d)	500 L/(人·d)	50 L/(人·d)	100 L/(人·d)	150 L/(人·d)	200 L/(人·d)	250 L/(人·d)	300 L/(人·d)	400 L/(人·d)	500 L/(人·d)	50 L/(人·d)	100 L/(人·d)	150 L/(人·d)	200 L/(人·d)	250 L/(人·d)	300 L/(人·d)	400 L/(人·d)	500 L/(人·d)
1	2	12	17	17	15	13	12	11	9	8	33	26	21	18	15	14	11	9	52	36	27	22	18	16	13	10
		24	17	13	11	9	8	7	6	5	26	18	14	11	9	8	6	5	36	22	16	13	10	9	7	5
2	4	12	33	33	29	26	23	21	18	15	67	52	42	36	27	22	22	18	104	71	54	44	37	32	25	20
		24	33	26	21	18	15	14	11	9	52	36	27	22	18	16	12	10	71	44	32	25	20	17	13	11
3	6	12	49	49	44	39	35	32	27	23	100	78	63	54	46	41	33	28	156	107	81	66	55	48	38	31
		24	49	39	32	27	23	20	16	14	78	54	41	33	28	24	19	15	107	66	48	38	31	26	20	16
4	9	12	74	74	65	58	52	47	40	35	150	117	95	80	69	61	50	42	234	161	122	99	83	71	56	46
		24	74	58	47	40	35	31	25	21	117	80	61	50	42	36	28	23	161	99	71	56	46	39	30	24
5	12	12	99	99	87	77	69	63	53	46	200	156	126	107	92	82	66	55	312	214	162	132	110	95	75	61
		24	99	77	63	53	46	41	33	28	156	107	82	66	55	48	37	31	214	132	95	75	61	52	40	32
6	16	12	132	132	63	232	211	193	193	193	267	208	168	143	123	109	88	74	416	286	216	176	147	127	100	82
		24	132	103	211	178	154	136	136	136	208	143	109	88	74	64	50	41	286	176	127	100	82	69	53	43
7	20	12	165	165	145	129	116	105	89	77	333	260	211	179	154	136	110	92	520	357	270	220	184	159	125	102
		24	165	129	105	89	77	68	55	46	260	179	136	110	92	79	62	51	357	220	159	125	102	87	67	54
8	25	12	206	206	181	161	145	132	111	96	417	325	263	223	192	170	137	115	649	446	338	275	229	198	155	128
		24	206	161	132	111	96	85	69	58	325	223	170	137	115	99	78	64	446	275	198	155	128	108	83	67
9	30	12	282	250	217	194	173	158	133	115	500	390	316	268	231	204	165	138	779	536	405	330	275	238	188	153
		24	250	194	158	133	115	102	82	69	390	268	204	165	138	119	93	77	536	330	238	186	153	130	100	81
10	40	12	368	333	290	258	231	211	178	154	667	520	421	357	308	272	220	184	1039	714	541	440	367	318	250	204
		24	333	258	211	178	154	136	110	92	520	357	272	220	184	159	124	102	714	440	318	249	204	173	133	108
11	50	12	471	417	362	323	289	263	222	192	833	649	526	446	385	340	275	230	1299	893	676	550	459	397	313	255
		24	417	323	263	222	192	170	137	115	649	446	340	275	230	198	155	128	893	550	397	311	255	217	167	135
12	75	12	706	625	544	484	434	395	333	289	1250	974	790	670	577	511	412	346	1948	1339	1014	824	688	595	469	383
		24	625	484	395	333	289	254	206	172	974	670	511	412	346	298	233	191	1339	824	595	466	383	325	250	202
13	100	12	941	833	725	645	578	526	444	385	1667	1299	1053	893	769	680	550	461	2597	1786	1351	1099	917	794	625	510
		24	833	645	526	444	385	339	274	230	1299	893	680	550	461	397	311	255	1786	1099	794	621	510	433	333	270

表 3-13 粪便污水单独排入化粪池（砖砌）设计总人数表 （污泥量 0.4L/(人·d)）

型号	有效容积/m^3	污水停留时间/h	住宅、集体宿舍、旅馆、宾馆 α=70%																	
			360d						180d						90d					
			20 L/(人·d)	30 L/(人·d)	40 L/(人·d)	60 L/(人·d)	80 L/(人·d)	100 L/(人·d)	20 L/(人·d)	30 L/(人·d)	40 L/(人·d)	60 L/(人·d)	80 L/(人·d)	100 L/(人·d)	20 L/(人·d)	30 L/(人·d)	40 L/(人·d)	60 L/(人·d)	80 L/(人·d)	100 L/(人·d)
1	2	12	29	29	29	29	26	24	58	57	53	44	39	34	105	87	77	61	50	43
		24	29	29	26	22	19	17	53	44	39	30	25	21	77	61	50	37	29	24
2	4	12	58	58	58	58	53	48	117	114	105	89	77	68	211	174	154	121	100	85
		24	58	58	53	44	39	34	105	89	77	61	50	43	154	121	100	74	59	49
3	6	12	88	88	88	87	79	72	175	171	158	133	115	102	316	261	231	182	150	128
		24	88	87	79	67	58	51	158	133	115	91	75	64	231	182	150	111	88	73
4	9	12	131	131	131	130	118	108	263	257	237	200	173	153	474	391	346	273	225	192
		24	131	130	118	100	87	76	237	200	173	136	113	96	346	273	225	167	132	110
5	12	12	175	175	175	174	158	145	350	343	316	267	231	203	632	522	462	364	300	255
		24	175	174	158	133	115	102	316	267	231	182	150	128	462	364	300	222	177	146
6	16	12	233	233	233	232	211	193	467	457	421	356	308	271	842	696	615	485	400	340
		24	233	232	211	178	154	136	421	356	308	242	200	170	615	485	400	296	235	195
7	20	12	292	292	292	290	263	241	583	571	526	444	385	339	1053	870	769	606	500	426
		24	292	290	263	222	192	170	526	444	385	303	250	213	769	606	500	370	294	244
8	25	12	365	365	365	362	329	301	729	714	658	556	481	424	1316	1087	962	758	625	532
		24	365	362	329	278	240	212	658	556	481	379	313	266	962	758	625	463	368	305
9	30	12	500	500	484	435	395	362	968	857	790	667	577	509	1579	1304	1154	909	750	638
		24	484	435	395	333	289	254	790	667	577	455	375	319	1154	909	750	556	441	366
10	40	12	667	667	645	580	526	482	1290	1143	1053	889	769	678	2105	1739	1539	1212	1000	851
		24	645	580	526	444	385	339	1053	889	769	606	500	426	1539	1212	1000	741	588	458
11	50	12	833	833	807	725	658	602	1613	1429	1316	1111	962	848	2632	2174	1923	1515	1250	1064
		24	807	725	658	556	481	424	1316	1111	962	758	625	532	1923	1515	1250	926	735	610
12	75	12	1250	1250	1210	1087	987	904	2419	2143	1974	1667	1442	1271	3947	3261	2885	2273	1875	1596
		24	1210	1087	987	833	721	636	1974	1667	1442	1136	938	798	2885	2273	1875	1389	1103	915
13	100	12	1667	1667	1613	1449	1316	1205	3226	2857	2632	2222	1923	1695	5263	4348	3846	3030	2500	2128
		24	1613	1449	1316	1111	962	848	2632	2222	1923	1515	1250	1064	3846	3030	2500	1852	1471	1220

表 3-14 1号~6号砖砌化粪池尺寸表（无地下水）

地下水	活荷载	覆土	化粪池			h	L	L_1	L_2	L_3	L_4	B	B_1	B_2	B_3	B_4	C	C_1	H	H_1	H_2	H_4
			池号	有效容积/m^3	型号	结构尺寸/mm																
无地下水	顶板不过汽车	无覆土	1	2	Z1-2	850~1100	3270	1400	750	2870	700	1630	750	150	1230	100	240	240	1750	1400	850	600~850
			2	4	Z2-4	850~1100	5380	3000	1000	4980	1000	1890	750	150	1490	100	370	240	1750	1400	850	600~850
			3	6	Z3-6	850~1100	5380	3000	1000	4980	1000	2140	1000	300	1740	150	370	240	1850	1500	900	600~850
			4	9	Z4-9	850~1100	5380	3000	1000	4980	1000	2640	1500	300	2240	150	370	240	1850	1500	900	600~850
			5	12	Z5-12	850~1100	5380	3000	1000	4980	1000	2640	1500	300	2240	150	370	240	2350	2000	1200	600~850
			6	16	Z6-16	850~1100	6880	2500	1250	6480	—	3140	2000	400	2740	300	370	370	1950	1600	960	630~850
		有覆土	1	2	Z1-2F	1200~2500	3270	1400	750	2870	700	1630	750	150	1230	100	240	240	1750	1400	850	500
			2	4	Z2-4F	1200~2500	5380	3000	1000	4980	1000	1890	750	150	1490	100	370	240	1750	1400	850	500
			3	6	Z3-6F	1200~2500	5380	3000	1000	4980	1000	2140	1000	300	1740	150	370	240	1850	1500	900	500
			4	9	Z4-9F	1200~2500	5380	3000	1000	4980	1000	2640	1500	300	2240	150	370	240	1850	1500	900	500
			5	12	Z5-12F	1200~2500	5380	3000	1000	4980	1000	2640	1500	300	2240	150	370	240	2350	2000	1200	500
			6	16	Z6-16F	1200~2500	6880	2500	1250	6480	—	3140	2000	400	2740	300	370	370	1950	1600	960	500
	顶板可过汽车	无覆土	1	2	Z1-2Q	850~1100	3270	1400	750	2870	700	1630	750	150	1230	100	240	240	1750	1400	850	550~800
			2	4	Z2-4Q	850~1100	5380	3000	1000	4980	1000	1890	750	150	1490	100	370	240	1750	1400	850	550~800
			3	6	Z3-6Q	850~1100	5380	3000	1000	4980	1000	2140	1000	300	1740	150	370	240	1850	1500	900	550~800
			4	9	Z4-9Q	850~1100	5380	3000	1000	4980	1000	2640	1500	300	2240	150	370	240	1850	1500	900	550~800
			5	12	Z5-12Q	850~1100	5380	3000	1000	4980	1000	2640	1500	300	2240	150	370	240	2350	2000	1200	550~800
			6	16	Z6-16Q	850~1100	6880	2500	1250	6480	—	3140	2000	400	2980	300	490	370	1950	1600	960	550~800
		有覆土	1	2	Z1-2QF	1200~2500	3270	1400	750	2870	700	1630	750	150	1230	100	240	240	1750	1400	850	500
			2	4	Z2-4QF	1200~2500	5380	3000	1000	4980	1000	1890	750	150	1490	100	370	240	1750	1400	850	500
			3	6	Z3-6QF	1200~2500	5380	3000	1000	4980	1000	2140	1000	300	1740	150	370	240	1850	1500	900	500
			4	9	Z4-9QF	1200~2500	5380	3000	1000	4980	1000	2640	1500	300	2240	150	370	240	1850	1500	900	500
			5	12	Z5-12QF	1200~2500	5380	3000	1000	4980	1000	2640	1500	300	2240	150	370	240	2350	2000	1200	500
			6	16	Z6-16QF	1200~2500	6880	2500	1250	6480	—	3140	2000	400	2740	300	370	370	1950	1600	960	500

表 3-15 7 号~13 号砖砌化粪池尺寸表（无地下水）

地下水	活荷载	覆土	化粪池			h	L	L_1	L_2	L_3	L_4	B	B_1	B_2	B_3	B_4	C	C_1	H	H_1	H_2	H_4
			池号	有效容积/m³	型号	结构尺寸/mm																
无地下水	顶板不过汽车	无覆土	7	20	Z7-20	850~1100	6880	2500	1250	6480	—	3640	2500	500	3240	450	370	370	1900	1600	960	600~850
			8	25	Z8-25	850~1100	6880	2500	1250	6480	—	3640	2500	500	3240	450	370	370	2300	2000	1200	600~850
			9	30	Z9-30	850~1100	6880	2500	1250	6480	—	3640	2500	500	3240	450	370	370	2700	2400	1700	600~850
			10	40	Z10-40	850~1100	8280	3200	1600	7880	—	3640	2500	500	3240	450	370	370	2800	2500	1750	600~850
			11	50	Z11-50	850~1100	9880	4000	2000	9480	—	3640	2500	500	3240	450	370	370	2800	2500	1750	600~850
		有覆土	7	20	Z7-20F	1200~2500	6880	2500	1250	6480	—	3640	2500	500	3240	450	370	370	1900	1600	960	500
			8	25	Z8-25F	1200~2500	6880	2500	1250	6480	—	3640	2500	500	3240	450	370	370	2300	2000	1200	500
			9	30	Z9-30F	1200~2500	6880	2500	1250	6480	—	3640	2500	500	3240	450	370	370	2700	2400	1700	500
			10	40	Z10-40F	1200~2500	8280	3200	1600	7880	—	3640	2500	500	3240	450	370	370	2800	2500	1750	500
			11	50	Z11-50F	1200~2500	9880	4000	2000	9480	—	3640	2500	500	3240	450	370	370	2800	2500	1750	500
			12	75	Z12-75F	1200~2500	13320	5600	2800	12920	1035	3880	2500	500	3480	450	490	370	3200	2800	1900	500
			12a	75	Z12a-75F	1200~2500	9960	2800	1400	7080	—	6510	2500	500	6110	450	370	370	3150	2800	2000	500
			13	100	Z13-100F	1200~2500	14520	6200	3100	14120	1185	4380	3000	750	3980	450	240	370	3200	2800	1900	500
			13a	100	Z13a-100F	1200~2500	11760	3700	1850	8880	—	6510	2500	500	6110	450	370	370	3150	2800	2000	500
	顶板可过汽车	无覆土	7	20	Z7-20Q	850-1100	7120	2500	1250	6720	—	3880	2500	500	3480	450	490	370	1900	1600	960	600~850
			8	25	Z8-25Q	850~1100	7120	2500	1250	6720	—	3880	2500	500	3480	450	490	370	2300	2000	1200	600~850
			9	30	Z9-30Q	850~1100	7120	2500	1250	6720	—	3880	2500	500	3480	450	490	370	2700	2400	1700	600~850
			10	40	Z10-40Q	850~1100	8520	3200	1600	8120	—	3880	2500	500	3480	450	490	370	2800	2500	1750	600~850
			11	50	Z11-50Q	850~1100	10120	4000	2000	9720	—	3880	2500	500	3480	450	490	370	2800	2500	1750	600~850
		有覆土	7	20	Z7-20QF	1200~2500	6880	2500	1250	6480	—	3640	2500	500	3240	450	370	370	1900	1600	960	500
			8	25	Z8-25QF	1200~2500	6880	2500	1250	6480	—	3640	2500	500	3240	450	370	370	2300	2000	1200	500
			9	30	Z9-30QF	1200~2500	6880	2500	1250	6480	—	3640	2500	500	3240	450	370	370	2700	2400	1700	500
			10	40	Z10-40QF	1200~2500	8280	3200	1600	7880	—	3640	2500	500	3240	450	370	370	2800	2500	1750	500
			11	50	Z11-50QF	1200~2500	9880	4000	2000	9480	—	3640	2500	500	3240	450	370	370	2800	2500	1750	500
			12	75	Z12-75QF	1200~2500	13320	5600	2800	12920	1035	3880	2500	500	3480	450	490	370	3200	2800	1900	500
			12a	75	Z12a-75QF	1200~2500	9960	2800	1400	7080	—	6510	2500	500	6110	450	370	370	3150	2800	2000	500
			13	100	Z13-100QF	1200~2500	14520	6200	3100	14120	1185	4380	3000	750	3980	450	490	370	3200	2800	1900	500
			13a	100	Z13a-100QF	1200~2500	11760	3700	1850	8880	—	6510	2500	500	6110	450	370	370	3150	2800	2000	500

注：a 指双池。

表 3-16 1 号~6 号砖砌化粪池尺寸表（有地下水）

地下水	活荷载	覆土	化粪池			h	L	L_1	L_2	L_3	L_4	B	B_1	B_2	B_3	B_4	C	C_1	H	H_1	H_2	H_4
			池号	有效容积/m^3	型号	结构尺寸/mm																
有地下水	顶板不过汽车	无覆土	1	2	Z1-2S	850~1100	3530	1400	750	3130	700	1890	750	150	1490	100	370	240	1700	1400	850	600~850
			2	4	Z1-4S	850~1100	5380	3000	1000	4980	1000	1890	750	150	1490	100	370	240	1700	1400	850	600~850
			3	6	Z1-6S	850~1100	5620	3000	1000	5220	1000	2380	1000	300	1980	150	490	240	1800	1500	900	600~850
			4	9	Z1-9S	850~1100	5620	3000	1000	5220	1000	2880	1500	300	2480	150	490	240	1800	1500	900	600~850
			5	12	Z5-12S	850~1100	5620	3000	1000	5220	1000	2880	1500	300	2480	150	490	240	2300	2000	1200	600~850
			6	16	Z6-16S	850~1100	7120	2500	1250	6720	—	3380	2000	400	2980	300	490	370	1900	1600	960	600~850
		有覆土	1	2	Z1-2SF	1200~2500	3530	1400	750	3130	700	1890	750	150	1490	100	370	240	1700	1400	850	500
			2	4	Z1-4SF	1200~2500	5380	3000	1000	4980	1000	1890	750	150	1490	100	370	240	1700	1400	850	500
			3	6	Z1-6SF	1200~2500	5620	3000	1000	5220	1000	2380	1000	300	1980	150	490	240	1800	1500	900	500
			4	9	Z1-9SF	1200~2500	5620	3000	1000	5220	1000	2880	1500	300	2480	150	490	240	1800	1500	900	500
			5	12	Z5-12SF	1200~2500	5620	3000	1000	5220	1000	2880	1500	300	2480	150	490	240	2300	2000	1200	500
			6	16	Z6-16SF	1200~2500	7120	2500	1250	6720	—	3380	2000	400	2980	300	490	370	1900	1600	960	500
	顶板可过汽车	无覆土	1	2	Z1-2SQ	850~1100	3530	1400	750	3130	700	1890	750	150	1490	100	370	240	1700	1400	850	600~850
			2	4	Z1-4SQ	850~1100	5380	3000	1000	4980	1000	1890	750	150	1490	100	370	240	1700	1400	850	600~850
			3	6	Z1-6SQ	850~1100	5620	3000	1000	5220	1000	2380	1000	300	1980	150	490	240	1800	1500	900	600~850
			4	9	Z1-9SQ	850~1100	5620	3000	1000	5220	1000	2880	1500	300	2480	150	490	240	1800	1500	900	600~850
			5	12	Z5-12SQ	850~1100	5620	3000	1000	5220	1000	2880	1500	300	2480	150	490	240	2300	2000	1200	600~850
			6	16	Z6-16SQ	850~1100	7120	2500	1250	6720	—	3380	2000	400	2980	300	490	370	1900	1600	960	600~850
		有覆土	1	2	Z1-2SQF	1200~2500	3530	1400	750	3130	700	1890	750	150	1490	100	370	240	1700	1400	850	500
			2	4	Z1-4SQF	1200~2500	5380	3000	1000	4980	1000	1890	750	150	1490	100	370	240	1700	1400	850	500
			3	6	Z1-6SQF	1200~2500	5620	3000	1000	5220	1000	2380	1000	300	1980	150	490	240	1800	1500	900	500
			4	9	Z1-9SQF	1200~2500	5620	3000	1000	5220	1000	2880	1500	300	2480	150	490	240	1800	1500	900	500
			5	12	Z5-12SQF	1200~2500	5620	3000	1000	5220	1000	2880	1500	300	2480	150	490	240	2300	2000	1200	500
			6	16	Z6-16SQF	1200~2500	7120	2500	1250	6720	—	3380	2000	400	2980	300	490	370	1900	1600	960	500

表 3-17　7 号~13 号砖砌化粪池尺寸表（有地下水）

地下水	活荷载	覆土	化粪池			h	L	L_1	L_2	L_3	L_4	B	B_1	B_2	B_3	B_4	B_5	C	C_1	C_2	H	H_1	H_2	H_4
			池号	有效容积/m^3	型号	结构尺寸/mm																		
有地下水	顶板不过汽车	无覆土	7	20	Z7-20S	850~1100	7120	2500	1250	6720	—	3880	2500	500	3480	450	—	370	370	—	1900	1600	960	600~850
			8	25	Z8-25S	850~1100	7120	2500	1250	6720	—	3880	2500	500	3480	450	—	370	370	—	2300	2000	1200	600~850
			9	30	Z9-30S	850~1100	7120	2500	1250	6720	—	3880	2500	500	3480	450	—	490	370	—	2700	2400	1700	600~850
			10	40	Z10-40S	850~1100	8520	3200	1600	8120	—	3880	2500	500	3480	450	—	490	370	—	2800	2500	1750	600~850
			11	50	Z11-50S	850~1100	10120	4000	2000	9720	—	3880	2500	500	3480	450	—	490	370	—	2800	2500	1750	600~850
		有覆土	7	20	Z7-20SF	1200~2500	7120	2500	1250	6720	—	3880	2500	500	3480	450	—	490	370	—	1900	1600	960	500
			8	25	Z8-25SF	1200~2500	7120	2500	1250	6720	—	3880	2500	500	3480	450	—	490	370	—	2300	2000	1200	500
			9	30	Z9-30SF	1200~2500	7120	2500	1250	6720	—	3880	2500	500	3480	450	—	490	370	—	2700	2400	1700	500
			10	40	Z10-40SF	1200~2500	8520	3200	1600	8120	—	3880	2500	500	3480	450	—	490	370	—	2800	2500	1750	500
			11	50	Z11-50SF	1200~2500	10120	4000	2000	9720	—	3880	2500	500	3480	450	—	490	370	—	2800	2500	1750	500
			12	75	Z12-75SF	1200~2500	13320	5600	2800	12920	1035	4140	2500	500	3480	450	3740	490	370	620	3200	2800	1900	500
			12a	75	Z12a-75SF	1200~2500	10200	2800	1400	7320	—	6750	2500	500	6350	450	—	490	370	—	3150	2800	2000	500
			13	100	Z13-100SF	1200~2500	14520	6200	3100	14120	1185	4640	3000	750	3980	450	4240	490	370	620	3200	2800	1900	500
			13a	100	Z13a-100SF	1200~2500	12000	3700	1850	9120	—	6750	2500	500	6350	450	—	490	370	—	3150	2800	2000	500
	顶板可过汽车	无覆土	7	20	Z7-20SQ	850~1100	7120	2500	1250	6720	—	3880	2500	500	3480	450	—	490	370	—	1900	1600	960	600~850
			8	25	Z8-25SQ	850~1100	7120	2500	1250	6720	—	3880	2500	500	3480	450	—	490	370	—	2300	2000	1200	600~850
			9	30	Z9-30SQ	850~1100	7120	2500	1250	6720	—	3880	2500	500	3480	450	—	490	370	—	2700	2400	1700	600~850
			10	40	Z10-40SQ	850~1100	8520	3200	1600	8120	—	3880	2500	500	3480	450	—	490	370	—	2800	2500	1750	600~850
			11	50	Z11-50SQ	850~1100	10120	4000	2000	9720	—	3880	2500	500	3480	450	—	490	370	—	2800	2500	1750	600~850
		有覆土	7	20	Z7-20SQF	1200~2500	7120	2500	1250	6720	—	3880	2500	500	3480	450	—	490	370	—	1900	1600	960	500
			8	25	Z8-25SQF	1200~2500	7120	2500	1250	6720	—	3880	2500	500	3480	450	—	490	370	—	2300	2000	1200	500
			9	30	Z9-30SQF	1200~2500	7120	2500	1250	6720	—	3880	2500	500	3480	450	—	490	370	—	2700	2400	1700	500
			10	40	Z10-40SQF	1200~2500	8520	3200	1600	8120	—	3880	2500	500	3480	450	—	490	370	—	2800	2500	1750	500
			11	50	Z11-50SQF	1200~2500	10120	4000	2000	9720	—	3880	2500	500	3480	450	—	490	370	—	2800	2500	1750	500
			12	75	Z12-75SQF	1200~2500	13320	5600	2800	12920	1275	4140	2500	500	3480	450	3740	490	370	620	3200	2800	1900	500
			12a	75	Z12a-75SQF	1200~2500	10200	2800	1400	7320	—	6750	2500	500	6350	450	—	490	370	—	3150	2800	2000	500
			13	100	Z13-100SQF	1200~2500	14520	6200	3100	14120	1475	4640	3000	750	3980	450	4240	490	370	620	3200	2800	1900	500
			13a	100	Z13a-100SQF	1200~2500	12000	3700	1850	9120	—	6750	2500	500	6350	450	—	490	370	—	3150	2800	2000	500

注：a 指双池。

表 3-18 玻璃钢成品化粪池（罐）选用表（$t_n=360d$）

有效容积 V/m^3 ＼ q_n 建筑物类型	t_n/h ＼ m/人	住宅、宿舍、旅馆 $b_f=70\%$ $t_n=360d$											
		q_n = 0.4L/(人·d)		q_n = 0.7L/(人·d)									
		15	20	40	60	80	100	150	200	250	300	350	380
1	12	29	29	17	17	17	17	15	13	12	11	10	9
	24	29	29	17	16	14	13	11	9	8	7	6	6
4	12	58	58	33	33	33	33	29	26	23	21	19	18
	24	58	58	33	32	28	26	21	18	15	14	12	11
6	12	87	87	50	50	50	50	44	39	35	32	29	28
	24	87	87	50	47	43	39	32	27	23	20	18	17
9	12	130	130	74	74	74	74	66	58	52	47	43	41
	24	130	130	74	71	64	58	47	40	35	31	27	26
12	12	174	174	99	99	99	99	87	78	70	63	58	55
	24	174	174	99	95	85	78	63	53	46	41	36	34
16	12	232	232	132	132	132	132	117	103	93	84	77	74
	24	232	232	132	126	114	103	84	71	62	54	49	46
20	12	289	289	165	165	165	165	146	129	116	105	97	92
	24	289	289	165	158	142	129	105	89	77	68	61	57
25	12	362	362	207	207	207	207	182	162	145	132	121	115
	24	362	362	207	197	178	182	132	111	96	85	76	71
30	12	496	496	283	283	266	251	219	194	174	151	145	138
	24	496	481	266	237	213	194	158	134	116	102	91	86
40	12	661	661	378	378	365	334	292	259	232	211	193	184
	24	661	541	355	316	284	259	211	178	154	136	121	114
50	12	827	827	472	472	444	418	365	328	295	264	241	230
	24	827	801	444	395	355	323	264	233	193	170	152	143
75	12	1240	1240	709	709	666	627	547	485	426	395	362	345
	24	1240	1202	666	593	533	483	395	334	289	255	227	214
100	12	1653	1653	945	945	888	836	729	647	581	527	483	459
	24	1653	1603	888	789	711	647	527	445	385	339	303	285

表 3-19 玻璃钢成品化粪池（罐）选用表（$t_n = 180d$）

有效容积 V/m^3	建筑物类型 / q_n / m/人 / t_n/h	住宅、宿舍、旅馆 $b_f = 70\%$ $t_n = 180d$											
		q_n = 0.4L/(人·d)		q_n = 0.7L/(人·d)									
		15	20	40	60	80	100	150	200	250	300	350	380
1	12	29	29	17	17	17	17	15	13	12	11	10	9
	24	29	29	17	16	14	13	11	9	8	7	6	6
4	12	58	58	33	33	33	33	29	26	23	21	19	18
	24	58	58	33	32	28	26	21	18	15	14	12	11
6	12	87	87	50	50	50	50	44	39	35	32	29	28
	24	87	87	50	47	43	39	32	27	23	20	18	17
9	12	130	130	74	74	74	74	66	58	52	47	43	41
	24	130	130	74	71	64	58	47	40	35	31	27	26
12	12	174	174	99	99	99	99	87	78	70	63	58	55
	24	174	174	99	95	85	78	63	53	46	41	36	34
16	12	232	232	132	132	132	132	117	103	93	84	77	74
	24	232	232	132	126	114	103	84	71	62	54	49	46
20	12	289	289	165	165	165	165	146	129	116	105	97	92
	24	289	289	165	158	142	129	105	89	77	68	61	57
25	12	362	362	207	207	207	207	182	162	145	132	121	115
	24	362	362	207	197	178	182	132	111	96	85	76	71
30	12	496	496	283	283	266	251	219	194	174	151	145	138
	24	496	481	266	237	213	194	158	134	116	102	91	86
40	12	661	661	378	378	365	334	292	259	232	211	193	184
	24	661	541	355	316	284	259	211	178	154	136	121	114
50	12	827	827	472	472	444	418	365	328	295	264	241	230
	24	827	801	444	395	355	323	264	233	193	170	152	143
75	12	1240	1240	709	709	666	627	547	485	426	395	362	345
	24	1240	1202	666	593	533	483	395	334	289	255	227	214
100	12	1653	1653	945	945	888	836	729	647	581	527	483	459
	24	1653	1603	888	789	711	647	527	445	385	339	303	285

表 3-20 玻璃钢成品化粪池（罐）选用表（$t_n=90d$）

有效容积 V/m^3	建筑物类型 / q_n / m/人 / t_n/h	住宅、宿舍、旅馆 $b_f=70\%$ $t_n=90d$											
		q_n = 0.4L/(人·d)		q_n = 0.7L/(人·d)									
		15	20	40	60	80	100	150	200	250	300	350	380
1	12	115	105	57	47	41	36	27	22	18	16	14	13
	24	89	77	41	32	26	22	16	12	10	9	8	7
4	12	231	209	114	95	81	71	54	44	37	32	28	26
	24	177	153	81	63	52	44	32	25	20	17	15	14
6	12	346	314	171	142	122	107	81	66	55	48	42	39
	24	266	230	122	95	78	66	48	37	31	26	23	21
9	12	519	471	256	213	183	160	122	99	83	71	63	58
	24	398	345	183	142	117	99	71	56	46	39	34	31
12	12	692	628	341	285	244	214	163	132	110	95	84	78
	24	531	460	244	190	156	132	95	74	61	52	45	42
16	12	922	838	455	379	325	285	217	176	147	127	111	104
	24	768	613	325	253	207	176	127	99	82	69	60	46
20	12	1153	1047	569	474	407	356	271	219	184	159	139	130
	24	885	766	407	317	259	219	159	124	102	87	75	70
25	12	1441	1309	711	593	308	445	339	274	230	198	174	162
	24	1106	958	508	396	324	274	198	155	127	108	94	87
30	12	1730	1571	853	711	610	534	407	329	276	238	209	195
	24	1328	1150	610	475	389	329	238	186	153	130	113	104
40	12	2306	2095	1137	949	814	712	543	439	368	317	278	259
	24	1770	1533	814	633	518	439	517	248	204	173	150	139
50	12	2883	2618	1422	1186	1017	890	679	548	460	396	348	324
	24	2213	1916	1017	792	648	548	396	310	255	216	188	174
75	12	4324	3928	2133	1779	1525	1335	1018	823	690	594	522	488
	24	3319	2874	1525	1187	972	823	594	465	382	324	222	261
100	12	5756	5237	2843	2391	2034	1780	1357	1097	220	123	696	649
	24	4426	3832	2034	1583	1296	1097	793	620	510	433	376	348

表 3-21 玻璃钢成品化粪池（罐）索引一览表

产品代号	类型		壁厚/mm	有效容积范围 V/m^3	长度范围 L/m	外径范围 D/m	管壁特征	成型工艺	分布情况	覆土深度	汽车载重 W/t	配件
LGDCN	Ⅰ	普通型	6~8	2~100	1500~14500	1460~3100	平板形	机械缠绕	2~12（m^3）双格 6~100（m^3）三格	$0.5 \leqslant H_8 \leqslant 1.5$	不过车	井筒、子盖等
										$1.5 \leqslant H_8 \leqslant 3.0$	不过车	
	Ⅱ	加强型	10~12							$0.7 \leqslant H_8 \leqslant 3.0$	$W \leqslant 55$	
YJBH	Ⅰ	初始环刚度 ≤5000N/m^2	≥8	2~100	1500~14500	1460~3100	波纹形	缠绕	2、4、9、30（m^3）双格 其余三格	$0.5 \leqslant H_8 \leqslant 1.5$	不过车	井筒、子盖等
										$1.5 \leqslant H_8 \leqslant 3.0$	不过车	
	Ⅱ	初始环刚度 ≤10000N/m^2	≥12							$0.7 \leqslant H_8 \leqslant 3.0$	$W \leqslant 55$	

表 3-22 LGDCN 型玻璃钢成品化粪池（罐）选型表

埋设场地	罐顶覆土深度/m	型号选择
绿化面或不过车地面	$0.5 \leqslant H_8 \leqslant 1.5$	Ⅰ型
	$1.5 \leqslant H_8 \leqslant 3.0$	Ⅱ型
过车路面下	$0.7 \leqslant H_8 \leqslant 3.0$	Ⅱ型

表 3-23 YJBH 型玻璃钢成品化粪池（罐）选型表

埋设场地	罐顶覆土深度/m	型号选择
绿化面或不过车地面	$0.5 \leqslant H_8 \leqslant 1.5$	Ⅰ型
	$1.5 \leqslant H_8 \leqslant 3.0$	Ⅱ型
过车路面下	$0.7 \leqslant H_8 \leqslant 3.0$	Ⅱ型

表 3-24 LGDCN 型玻璃钢成品化粪池（罐）选型及尺寸表

型号尺寸	总容积/m^3	有效容积/m^3	罐体直径/mm	长度/mm				H/mm	H_1/mm	H_2/mm	h_1/mm	h_2/mm	过水孔直径 d/m	清淘孔直径 d/m	净重/kg	备注
				L	L_1	L_2	L_3									
LGDCN-01-Ⅰ	2.5	2	1460	1500	1000	—	500	1260	1160	840	300	100	100	500	129	Ⅰ型：普通型 Ⅱ型：加强型
LGDCN-01-Ⅱ															141	
LGDCN-02-Ⅰ	4.6	4		2800	2000	—	800								236	
LGDCN-02-Ⅱ															270	
LGDCN-03-Ⅰ	6.7	6	1800	2650	1800	—	850	1600	1500	1080					364	
LGDCN-03-Ⅱ															430	
LGDCN-04-Ⅰ	10.1	9		4000	2900	—	1100								440	
LGDCN-04-Ⅱ															590	
LGDCN-05-Ⅰ	13.4	12		5300	3900	—	1400	1550	1450	1050	350		150		760	
LGDCN-05-Ⅱ															980	
LGDCN-06-Ⅰ	17.6	16	2300	4260	2130	1065	1065	2050	1950	1410					1150	
LGDCN-06-Ⅱ															1370	
LGDCN-07-Ⅰ	22.0	20		5300	2650	1325	1326								1530	
LGDCN-07-Ⅱ															1720	
LGDCN-08-Ⅰ	27.4	25		6600	3300	1650	1650						200		1820	
LGDCN-08-Ⅱ															2034	
LGDCN-09-Ⅰ	33.1	30		7890	3990	1995	1995	2050	1560	1950					2360	
LGDCN-09-Ⅱ															2656	
LGDCN-10-Ⅰ	43.7	40	3100	5800	2900	1450	1450	2750	2650	2120	450				2135	
LGDCN-10-Ⅱ															2420	
LGDCN-11-Ⅰ	54.9	50		7280	3640	1820	1820								2630	
LGDCN-11-Ⅱ															2940	
LGDCN-12-Ⅰ	82.2	75		10900	5450	2725	2725								3940	
LGDCN-12-Ⅱ															4450	
LGDCN-13-Ⅰ	109.4	100		14500	7250	3625	3625								5200	
LGDCN-13-Ⅱ															5860	

表 3-25 YJBH 型玻璃钢成品化粪池（罐）选型及尺寸表

型号尺寸	总容积/m³	有效容积/m³	罐体直径/mm	长度/mm				H/mm	H_1/mm	H_2/mm	h_1/mm	h_2/mm	过水孔直径 d/m	清淘孔直径 d/m	净重/kg	备注
				L	L_1	L_2	L_3									
YJBH-01-Ⅰ	2.5	2	1460	1500	1050	—	450	1060	960	690	500	200	300	500	136	Ⅰ型：初始环刚度为5000N/m² Ⅱ型：初始环刚度为10000N/m²
YJBH-01-Ⅱ															156	
YJBH-02-Ⅰ	4.8	4		2900	2150	—	750								213	
YJBH-02-Ⅱ															261	
YJBH-03-Ⅰ	7.3	6		4400	2600	900	900								348	
YJBH-03-Ⅱ															422	
YJBH-04-Ⅰ	10.0	9	2100	2900	2150	—	750	1700	1600	1150					426	
YJBH-04-Ⅱ															522	
YJBH-05-Ⅰ	13.8	12		4000	2400	800	800								555	
YJBH-05-Ⅱ															686	
YJBH-06-Ⅰ	17.8	16	2300	4300	2600	850	850	1900	1800	1300					715	
YJBH-06-Ⅱ															882	
YJBH-07-Ⅰ	22.4	20		3200	5400	1100	1100								741	
YJBH-07-Ⅱ															953	
YJBH-08-Ⅰ	28.3	25		6800	4100	1350	1350								945	
YJBH-08-Ⅱ															1215	
YJBH-09-Ⅰ	33.2	30	3100	4400	3300	—	1100	2700	2600	2080					1158	
YJBH-09-Ⅱ															1354	
YJBH-10-Ⅰ	43.7	40		5800	3500	1150	1150								1322	
YJBH-10-Ⅱ															1590	
YJBH-11-Ⅰ	55.0	50		7300	4400	1450	1450								1934	
YJBH-11-Ⅱ															2046	
YJBH-12-Ⅰ	82.2	75		10900	6500	2200	2200								2810	
YJBH-12-Ⅱ															3055	
YJBH-13-Ⅰ	109.4	100		14500	8700	2900	2900								3618	
YJBH-13-Ⅱ															4097	

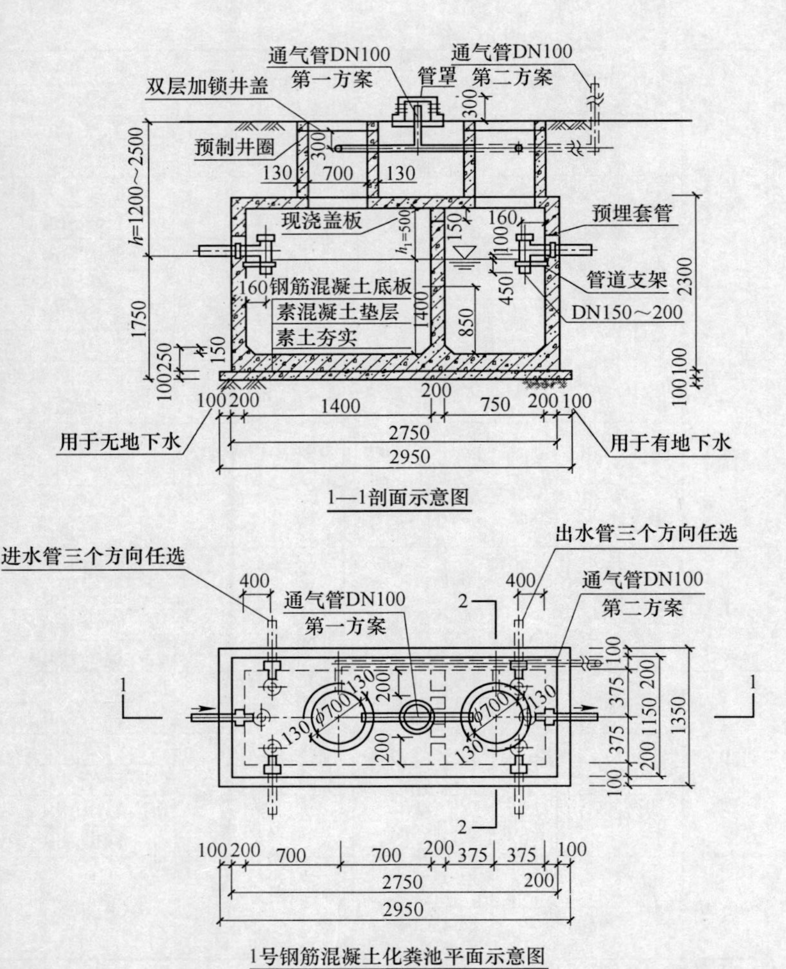

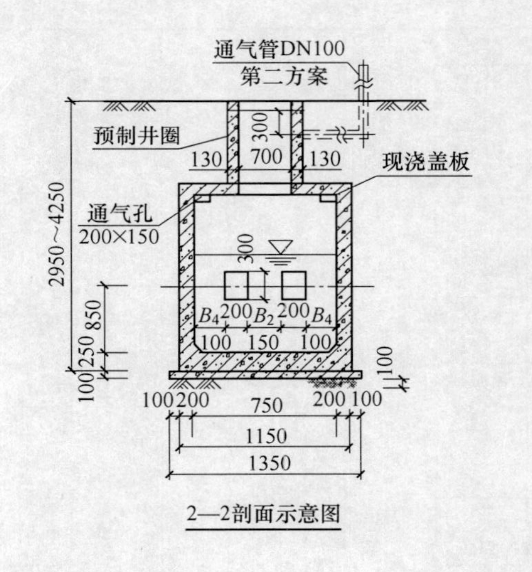

注：1. 本图根据03S702第44页编制。
2.通气管材及设置高度详见化粪池说明。
3.此化粪池适用于有地下水、可过车或不过车、池顶无覆土的情况。

图 3-9 1号钢筋混凝土化粪池平、剖面示意图

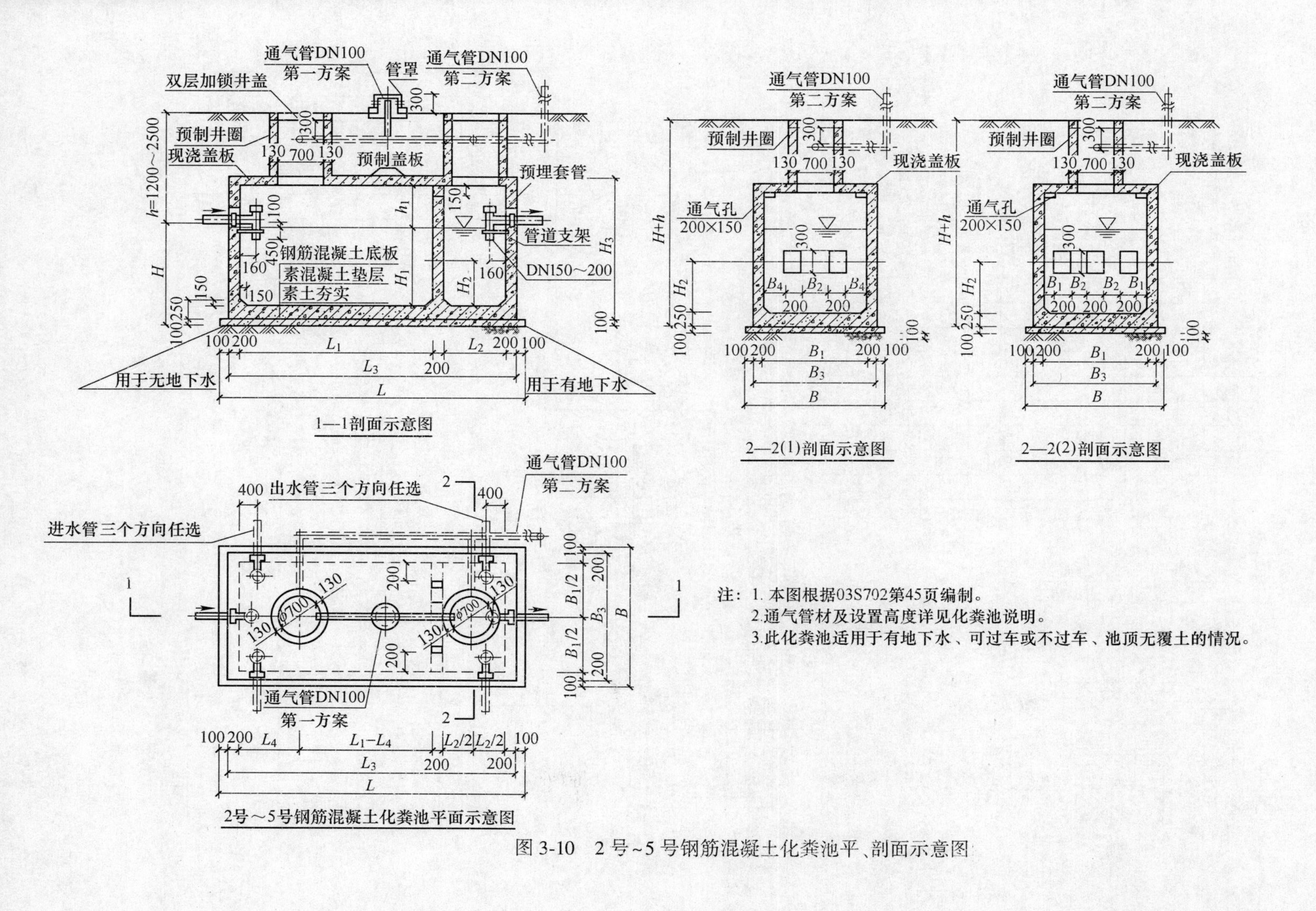

注：1. 本图根据03S702第45页编制。
2.通气管材及设置高度详见化粪池说明。
3.此化粪池适用于有地下水、可过车或不过车、池顶无覆土的情况。

图 3-10　2 号~5 号钢筋混凝土化粪池平、剖面示意图

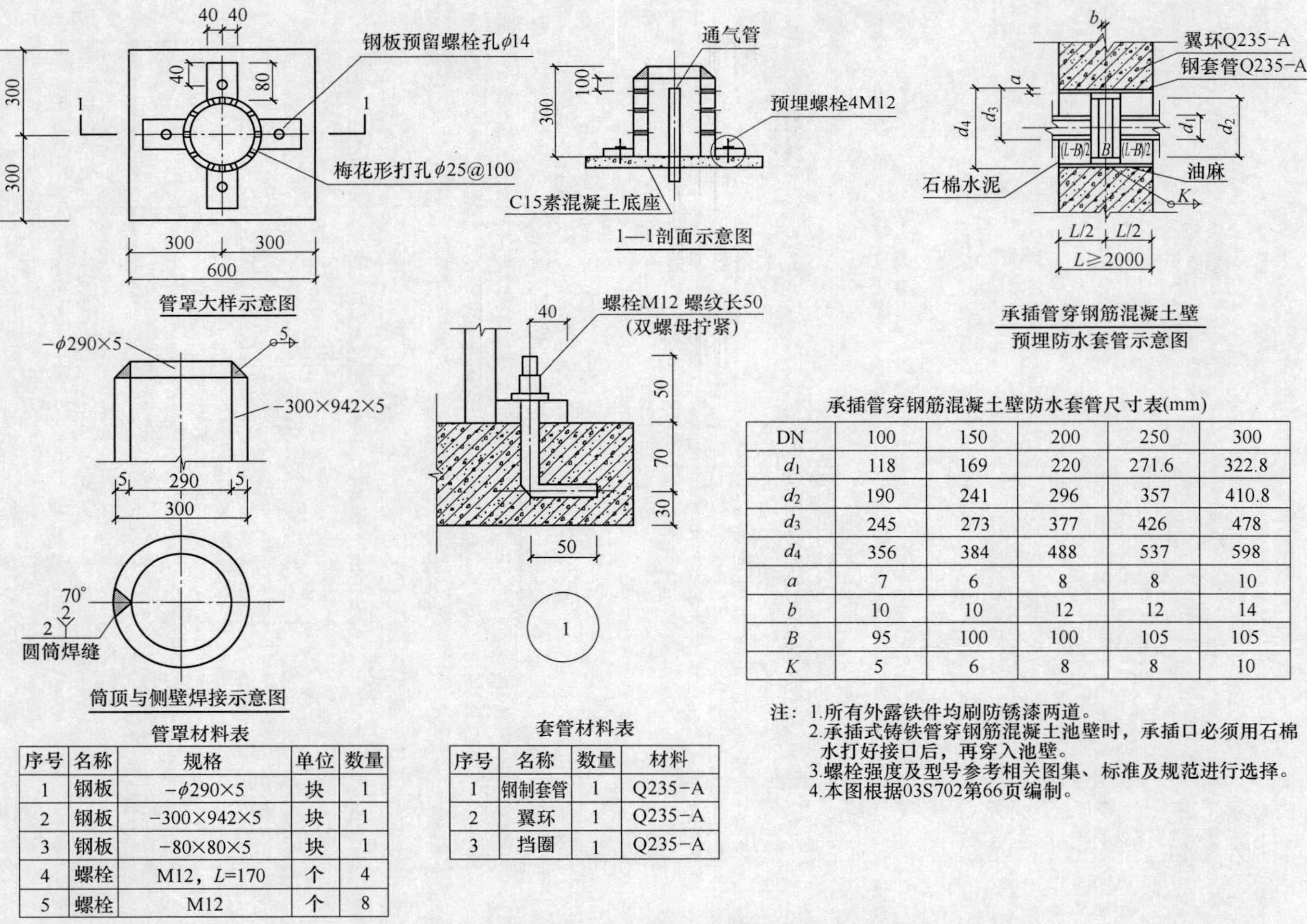

承插管穿钢筋混凝土壁防水套管尺寸表(mm)

DN	100	150	200	250	300
d_1	118	169	220	271.6	322.8
d_2	190	241	296	357	410.8
d_3	245	273	377	426	478
d_4	356	384	488	537	598
a	7	6	8	8	10
b	10	10	12	12	14
B	95	100	100	105	105
K	5	6	8	8	10

注：1.所有外露铁件均刷防锈漆两道。
2.承插式铸铁管穿钢筋混凝土池壁时，承插口必须用石棉水打好接口后，再穿入池壁。
3.螺栓强度及型号参考相关图集、标准及规范进行选择。
4.本图根据03S702第66页编制。

管罩材料表

序号	名称	规格	单位	数量
1	钢板	$-\phi$290×5	块	1
2	钢板	−300×942×5	块	1
3	钢板	−80×80×5	块	1
4	螺栓	M12，L=170	个	4
5	螺栓	M12	个	8

套管材料表

序号	名称	数量	材料
1	钢制套管	1	Q235-A
2	翼环	1	Q235-A
3	挡圈	1	Q235-A

图 3-11 钢筋混凝土化粪池通气管罩预埋刚性防水套管示意图

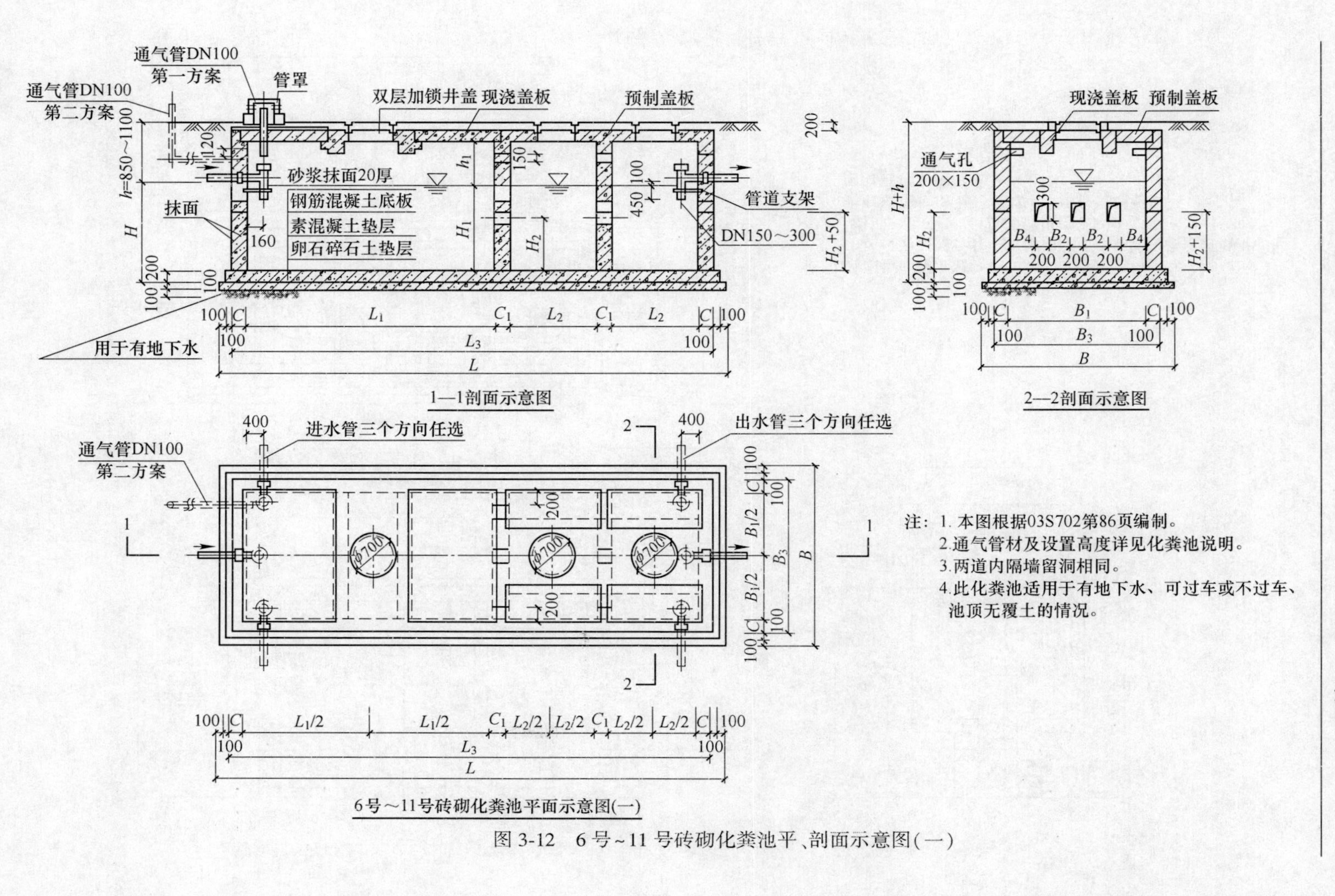

注：1. 本图根据03S702第86页编制。
2.通气管材及设置高度详见化粪池说明。
3.两道内隔墙留洞相同。
4.此化粪池适用于有地下水、可过车或不过车、池顶无覆土的情况。

图 3-12 6号~11号砖砌化粪池平、剖面示意图(一)

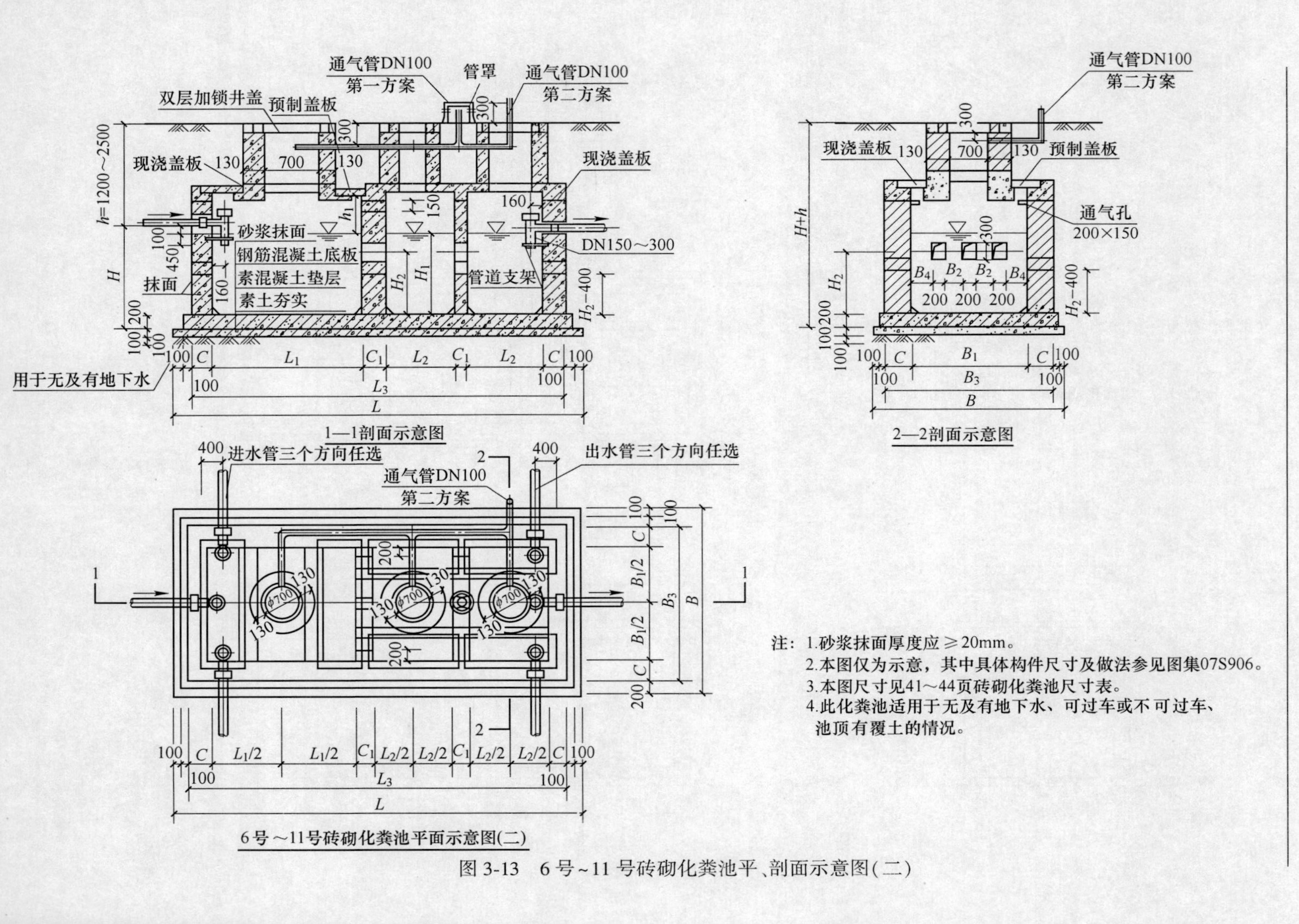

注：1.砂浆抹面厚度应≥20mm。

2.本图仅为示意，其中具体构件尺寸及做法参见图集07S906。

3.本图尺寸见41~44页砖砌化粪池尺寸表。

4.此化粪池适用于无及有地下水、可过车或不可过车、池顶有覆土的情况。

图 3-13 6号~11号砖砌化粪池平、剖面示意图(二)

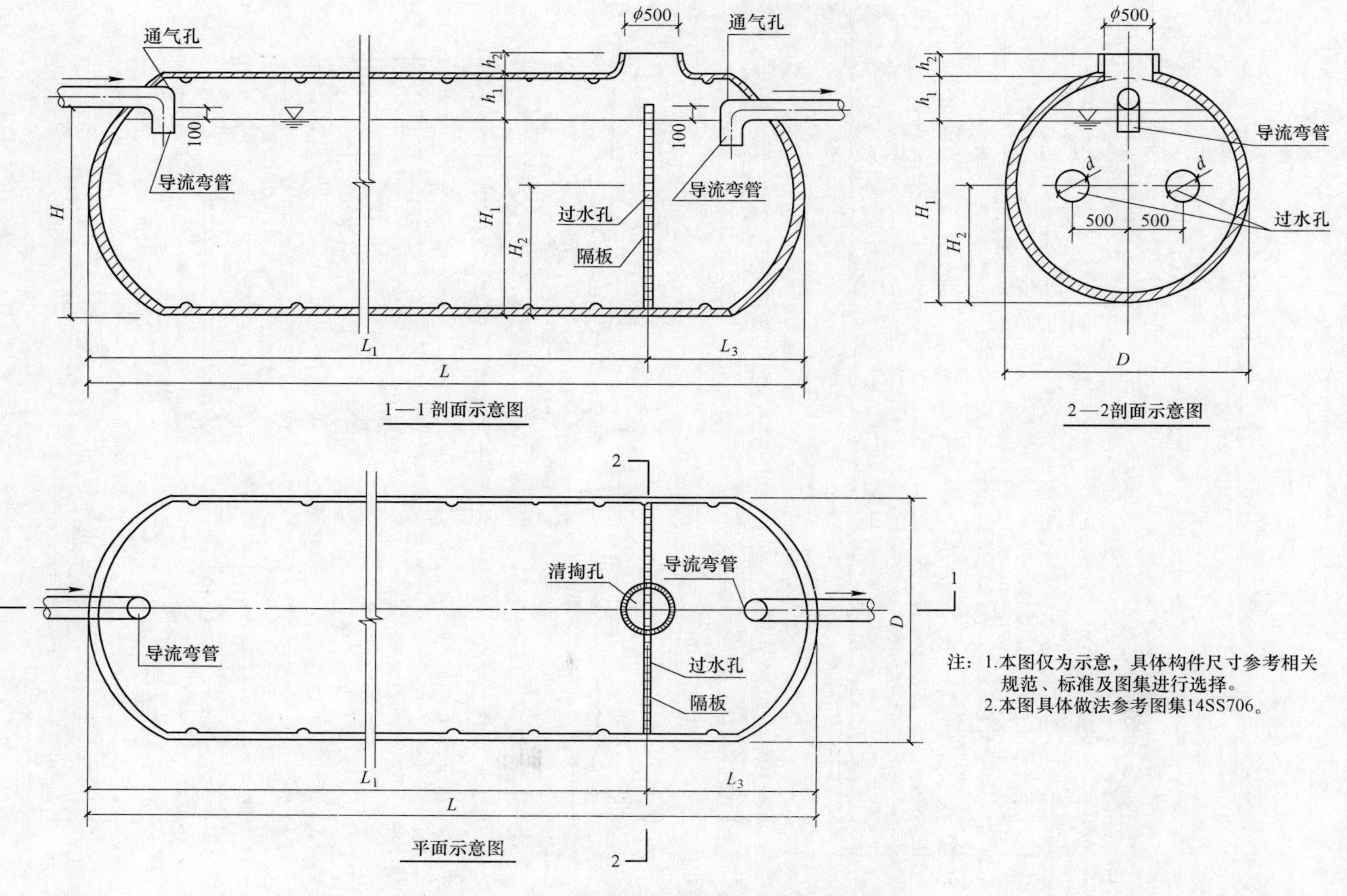

注：1.本图仅为示意，具体构件尺寸参考相关规范、标准及图集进行选择。
2.本图具体做法参考图集14SS706。

图 3-14　LGDCN 型双格化粪池平、剖面示意图

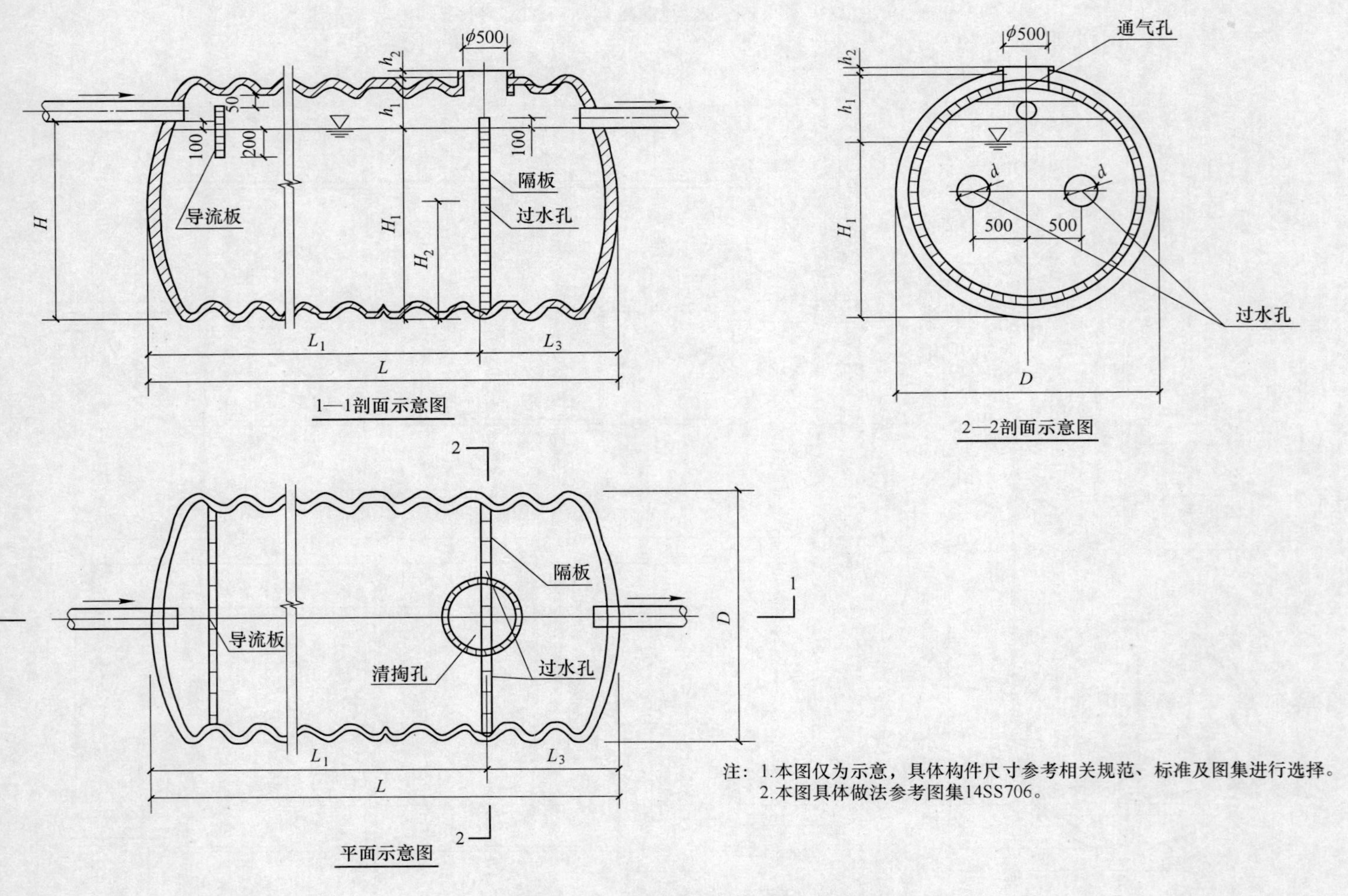

注：1.本图仅为示意，具体构件尺寸参考相关规范、标准及图集进行选择。
2.本图具体做法参考图集14SS706。

图 3-15 YJBH 型双格化粪池平、剖面示意图

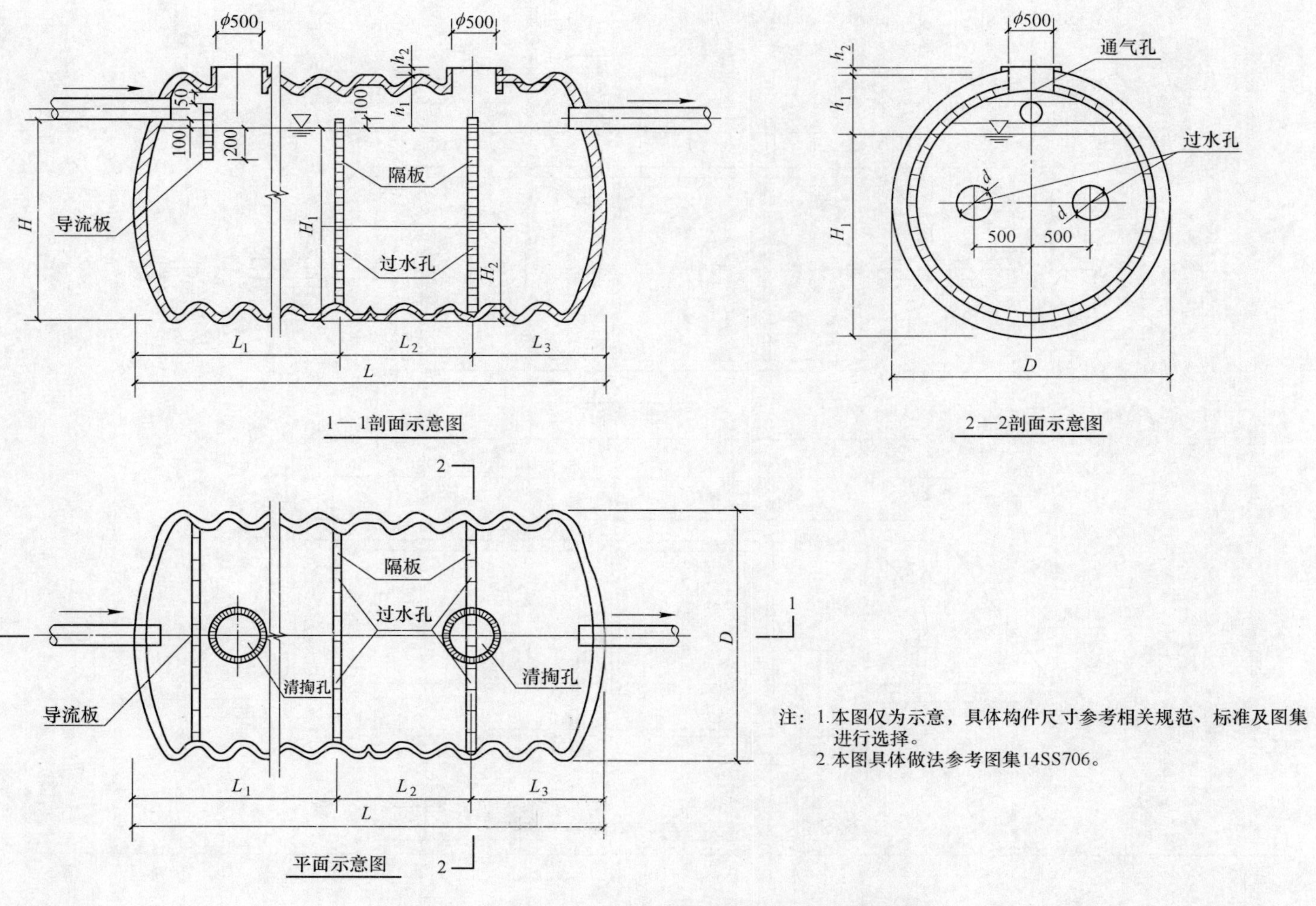

注：1.本图仅为示意，具体构件尺寸参考相关规范、标准及图集进行选择。
2 本图具体做法参考图集14SS706。

图 3-16 YJBH 型三格化粪池（罐）平、剖面示意图

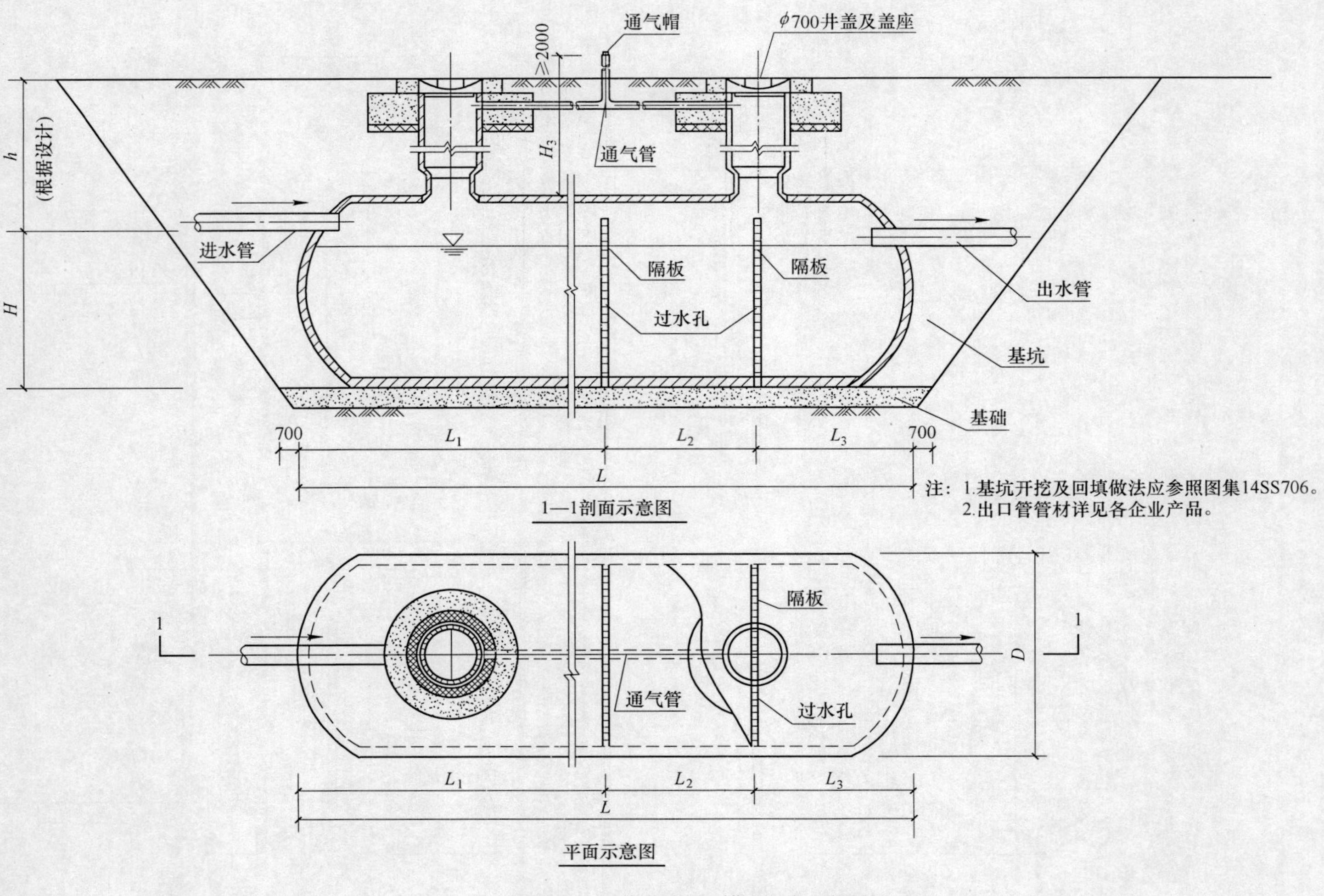

注：1.基坑开挖及回填做法应参照图集14SS706。
2.出口管管材详见各企业产品。

图 3-17 三格化粪池（罐）埋设示意图

4 污水处理工程安全设计

4.1 污水处理工程

4.1.1 概念内涵

(1) 基本概念。污水处理是指为使污水达到排入某一水体或再次使用的水质要求对其进行净化的过程，其被广泛应用于建筑、农业、交通、能源、石化、环保、城市景观、医疗、餐饮等各个领域，也越来越多地普及到村镇百姓的日常生活。污水处理工程的主要作用是有效处理村镇的生活污水、工业废水等，避免污染物直接流入水域，进而改善生态环境、促进经济发展。

(2) 污水处理模式。村庄的污水处理设施分为集中式和分散式两种。集中式可采用人工湿地、生物滤池等设施；分散式可采用三格式化粪池、双层沉淀池等设施。

集中式污水处理是指建立大型污水处理厂，将较大范围内的污水统一收集再处理。其主要特征是：统一收集、统一输送、统一处理。目前，集中式污水处理已从局部的、特殊的污水处理，发展为系统化、规模化的污水处理模式。

分散式污水处理是指从一户或一户以上住户排出的污水，由于没有铺设大面积社区用的污水管道或缺乏一套集中处理设施，通过自然系统或机械装置来收集、处理、排放或中水回用。分散式污水具有运行费用低、系统残渣少、处理效率高、自动化程度优、商业价值高、可移动性好、适应性强、工艺操作方式灵活等优点。分散式废水处理系统可以应用到居民区、公共建筑区、商业区、社区等相对来说流量小的、一般从地理位置相对接近的或者不能纳入城市污水收集系统的区域等排放出的污水。

(3) 污水处理管道要求。

1) 装置要求。污水处理工程的施工对构筑物、工艺管道、设备等各部位轴线、尺寸高程系统都有严格要求与特殊的专业规定，不但对污水处理构筑物有严格的尺寸误差限制、强度要求，还特别对水工混凝土的抗渗、耐久性（抗腐蚀）有很高的要求；污水处理设施距离地下取水构筑物不得小于 30m，埋地式生活饮用水贮水池周围 10m 以内，不得有污水处理设施且污水处理设施宜设置在接户口的下游端，便于清掏维护，设施外壁距建筑物外墙不得小于 5m，并不得影响构筑物基础；对于土壤湿度较大地区，各类地埋式污水处理设备则应增强设施的防水、抗渗工序。

2）环境要求。对于低温期较长的地区应考虑其对生物污水处理环节中水生植物、藻类、菌种等的影响，采取受温度影响较小的污水处理技术，如必须采用此类技术则应当采取发热、保温等方式保障水生植物、藻类、菌种等的生存条件或筛选耐低温品种进行种植；对于冻土地区采用地埋式污水处理设备时则应考虑适当增加埋设深度、采取保温措施或设置加温装置，降低冻土层对地埋式污水处理设备中菌种生存气温的不良影响。

(4) 污水处理技术。污水处理技术是指为使污水达到排入某一水体或再次使用的水质要求对其进行净化所使用的技术，根据当地的技术和经济条件，村镇生活污水处理技术可以分为厌氧生物膜法、生物滤池、生物接触氧化法、氧化沟、活性污泥法、生物转盘、人工湿地、稳定塘、土地处理等。

1）厌氧生物膜法是与活性污泥法并列的一类废水厌氧生物处理技术，是一种固定膜法，是污水土壤自净过程的人工化和强化，主要去除废水中溶解性的和胶体状的有机污染物。厌氧生物膜法具有供氧充分、传质条件好，处理效果受气温影响小，采用轻质填料以后构筑物轻巧、填料表面积较大，设备处理能力大、处理效果好，不生长灰蝇、气味小、卫生条件较好的优点。

2）生物滤池。生物滤池是由碎石或塑料制品填料构成的生物处理构筑物，以土壤自净原理为依据，在污水灌溉的实践基础上，经较原始的间歇砂滤池和接触滤池而发展起来，使污水与填料表面上生长的微生物膜间隙接触，使污水得到净化的人工生物处理技术。生物滤池具有处理效果非常好、不产生二次污染、无须另外投加营养剂、缓冲容量大、耐冲击负荷的能力强、控制稳定、维护管理非常简单、便于运输和安装、能耗非常低的优点。

3）生物接触氧化法。生物接触氧化法是从生物膜法派生出来的一种废水生物处理法，即在生物接触氧化池内装填一定数量的填料，利用吸附在填料上的生物膜和充分供应的氧气，通过生物氧化作用，将废水中的有机物氧化分解，达到净化目的。生物接触氧化法具有容积负荷高、适应能力强、运行管理简便的优点。

4）氧化沟。氧化沟是一种活性污泥处理系统，其曝气池呈封闭的沟渠型，所以它在水力流态上不同于传统的活性污泥法，它是一种首尾相连的循环流曝气沟渠，又称循环曝气池。氧化沟具有出水水质好、抗冲击负荷能力强、除磷脱氮效率高、污泥易稳定、能耗省、便于自动化控制等优点；但是，在实际的运行过程中，也存在着污泥膨胀、泡沫严重、污泥上浮、流速不均及污泥沉积的问题。

5）活性污泥法。活性污泥法是将废水与活性污泥混合搅拌并曝气，使废水中的有机污染物分解，生物固体随后从已处理废水中分离，并可根据需要将部分回流到曝气池中，它能从污水中去除溶解性的和胶体状态的可生化有机物以及能被活性污泥吸附的悬浮固体和其他一些物质，同时也能去除一部分磷素和氮素，是废水生物处理悬浮在水中的微生物的各种方法的统称。活性污泥法具有效率高、能耗低、无环境污染、低碳、脱磷除氮效果好的优点。

6）生物转盘。生物转盘是由水槽和部分浸没于污水中的旋转盘体组成的生物处理构筑物，主要包括旋转圆盘（盘体）、接触反应槽、转轴及驱动装置等，是一种生物膜法污水处理技术。生物转盘具有系统设计灵活、安装便捷、操作简单、系统可靠、节约能源、操作和运行费用低等优点。

7）人工湿地。人工湿地是由人工建造和控制运行的与沼泽地类似的地面，将污水、污泥有控制地投配到经人工建造的湿地上，污水与污泥在沿一定方向流动的过程中，主要利用土壤、人工介质、植物、微生物的物理、化学、生物三重协同作用，对污水、污泥进行处理的一种技术。人工湿地具有缓冲容量大、处理效果好、工艺简单、投资省、易于维护、技术含量低、建造和运行费用低等优点；但是也具有占地面积大、易受病虫害影响、生物和水力复杂的缺点。

8）稳定塘。稳定塘是一种利用天然净化能力对污水进行处理的构筑物的总称，是指将土地进行适当的人工修整，建成池塘，并设置围堤和防渗层，依靠塘内生长的微生物来处理污水。稳定塘具有基建投资和运转费用低、维护和维修简单、便于操作、能有效去除污水中的有机物和病原体、无需污泥处理、适应能力和抗冲击能力强、美化环境等优点；但是也具有占地面积过多、气候对稳定塘的处理效果影响较大、易产生臭味和滋生蚊蝇、污泥不易排出和处理利用等缺点。

9）土地处理。土地处理是指利用土壤→微生物→植物系统的陆地生态系统的自我调控机制和对污染物的综合净化功能处理城市污水及一些工业废水，使水质得到不同程度改善，同时通过营养物质和水分的生物地球化学循环，促进绿色植物生长并使其增产，实现废水资源化与无害化的常年性生态系统工程。土地处理具有同时利用废水的水分和肥分、降解复杂的有机物为简单无机物、促进自然平衡等优点。

（5）污水处理设施。

1）污水泵站。污水泵站是指设置于污水管道系统中，用以抽升城市污水的泵站，不含污水处理厂内部的污水泵站。污水泵站具有水流连续、水流量较小的优点，但也具有变化幅度大、水中污染物含量多的缺点。

2）均化池。均化池是用以尽量减小污水处理厂进水水量和水质波动的构筑物，又称调节池。根据其不同作用可分为水质均化池和水量均化池，水质均化池主要起均化水质的作用，水量均化池主要起均化水量的作用。

4.1.2 规范标准

4.1.2.1 设计、施工与验收规范及标准

(1)《建筑给水排水设计标准》(GB 50015—2019)。

(2)《建筑给水排水及采暖施工质量验收规范》(GB 50242—2002)。

(3)《建筑排水金属管道工程技术规程》(CJJ 127—2009)。

(4)《建筑排水用柔性接口承插式铸铁管及管件》(CJ/T 178—2013)。

(5)《村庄污水处理设施技术规程》(CJJ/T 163—2011)。

(6)《镇(乡)村排水工程技术规程》(CJJ 124—2008)。

(7)《污水综合排放标准》(GB 8978—1996)。

在村庄布局相对密集、人口规模较大、经济条件好、村镇企业或旅游业发达、连片生活污水量在1000t/d以上的连片村庄，宜采用集中式二级生化污水处理方式；涉及饮用水水源保护区上游、自然保护区、风景名胜区等环境敏感区域的村庄建议采用集中式二级生化污水处理方式。村庄布局相对集中、人口规模不大、连片生活污水量在1000t/d以下的村庄，宜采用分散式污水处理方式；村庄布局分散、人口规模较小、地形条件复杂、污水无法进行收集或污水收集成本过高的村庄，宜采用庭院式小型湿地处理、土地灌溉处理、户用成套污水处理等方式。

4.1.2.2 污水处理模式

关于污水处理模式的规定，对于村镇污水的处理，一般分为城镇带村、村庄建站(联村建站、单村建站)、分户处理等几种模式，见表4-1。

表4-1 村镇污水的处理模式

序号	治理模式	建设方案	适用条件
1	城镇带村	新建污水管网(含提升泵房)就近接入城镇污水收集管网，由城镇污水处理厂集中处理	(1)村庄距离城区或镇区最外围污水管网不大于1.5km； (2)具备传输管网的建设条件； (3)城镇污水处理厂满足接入水量的要求
2	联村建站	以两个或两个以上的相邻村庄为服务单元，新建污水收集管渠，集中新建处理站	(1)相邻村庄之间距离不大于1.5km； (2)具备联村管网的建设条件； (3)村庄间高程关系相近
3	单村建站	以单个村庄为服务单元，新建污水收集管渠，新建处理站	(1)村庄常住人口大于100人，居住相对集中； (2)村庄位于环境敏感区域
4	分户处理	以户为单位，采取粪污定期收集，单户配置小型处理装置	(1)村庄常住人口不大于100人，且居住相对分散； (2)村庄位于非环境敏感区域

4.1.3 工艺要点

4.1.3.1 选材

（1）水泥。大型水工建筑物所用的水泥，可根据具体情况对水泥的矿物成分等提出专门要求，每一工程所用水泥品种以两三种为宜，并宜固定厂家供应；环境水对混凝土有硫酸盐侵蚀性时，应选用抗硫酸盐水泥。

水位变化区的外部混凝土和经常受水流冲刷部位的混凝土、有抗冻要求的混凝土，应优先选用硅酸盐大坝水泥和硅酸盐水泥，或普通硅酸盐大坝水泥和普通硅酸盐水泥；建筑物外部水位变化区和经常受水流冲刷部位的混凝土，以及受冰冻作用的混凝土，其水泥标号不宜低于42.5号。

（2）钢筋。在每批钢筋中，检查钢筋的标牌号及质量证明书，选取经表面检查和尺寸测量合格的两根钢筋，各取一个拉力试件和一个冷弯试件，按《金属拉力试验法》(GB 228—76）和《金属冷、热弯曲试验法》(GB 232—63）的规定进行试验。如一个试验项目的一个试件未符合相关规定的数值时，则另取两倍数量的试件，对不合格的项目做第二次试验，如有一个试件不合格，则该批钢筋即为不合格。

4.1.3.2 施工工艺与要点

（1）基础知识。根据设备安装图与基础图，确定基础以及安装平面图大小尺寸，做好混凝土底板，基础必须水平；接着根据安装图连接管道，设备就位后，连接管道用橡皮垫紧固好，使连接处不渗漏；设备安装完毕后设备与基础地板必须连接固定，绝对保证不使设备移动上浮，同时须在设备中注入污水（无污水时，应用其他水源或自来水代替），充满度必须达到70%以上，以防设备上浮；同时，检查好各管道有无渗漏，试水各管路接口必须不渗漏，同时设备不因地面水上涨而使设备错位和倾斜；设备安装完毕无不妥后，用土填入设备四周与间隙中并将土夯实。

连接控制线路，并注意风机、水泵等的转向必须正确无误，污水处理厂中建（构）筑物对地基沉降要求较高，且地基土浸水概率较高，通常采用整片处理并消除地基土的全部湿陷性，平面处理范围应大于单体底层平面面积，超过单体外墙基础外缘的宽度，每边不宜小于处理土层厚度的1/2，并不应小于2m，考虑到正常运行时污水厂内地基土浸水可能性较大，污水处理厂结构设计时通常采用强夯法、挤密法，预浸水法、结合灰土垫层法进行湿陷性黄土地基处理，即在已经完成湿陷性处理的地基土顶、基础底铺设厚度不小于300mm的3∶7或2∶8灰土垫层，同时基槽内侧也采用灰土回镇，基底及基侧回填土整体作为隔水层起防护作用。

(2) 污水集中处理工艺流程。常见的污水集中处理模式有厌氧-跌水充氧接触氧化-人工湿地、厌氧滤池-氧化塘-生态渠、厌氧池-人工湿地、地埋式微动力氧化沟、人工快速渗滤系统处理工艺等方式，厌氧-跌水充氧接触氧化-人工湿地的工艺流程如图4-1所示。

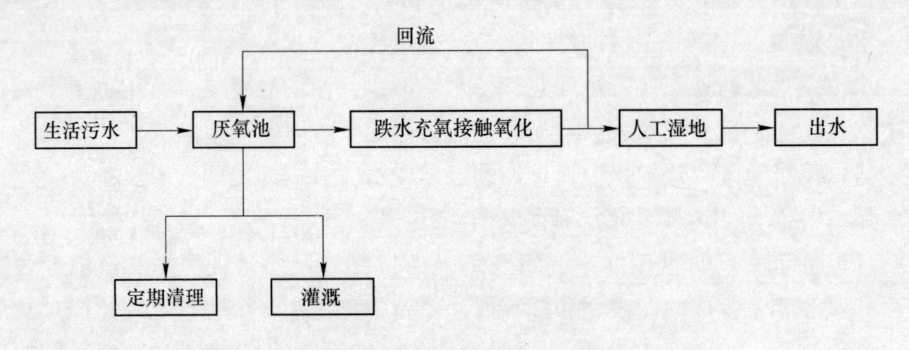

图4-1 厌氧-跌水充氧接触氧化-人工湿地工艺流程图

厌氧滤池-氧化塘-生态渠工艺流程如图4-2所示。

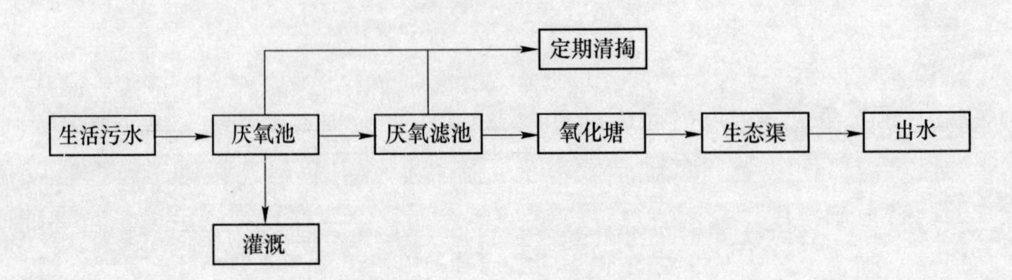

图4-2 厌氧滤池-氧化塘-生态渠工艺流程图

厌氧池-人工湿地工艺流程如图4-3所示。

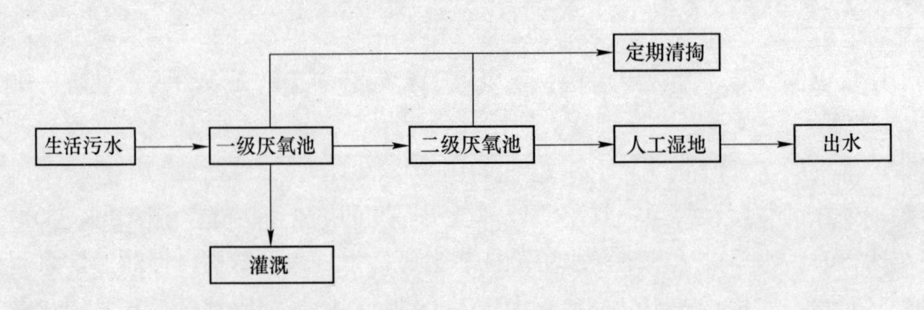

图4-3 厌氧池-人工湿地工艺流程图

地埋式微动力氧化沟和人工快速渗滤系统处理工艺流程如图 4-4 和图 4-5 所示。

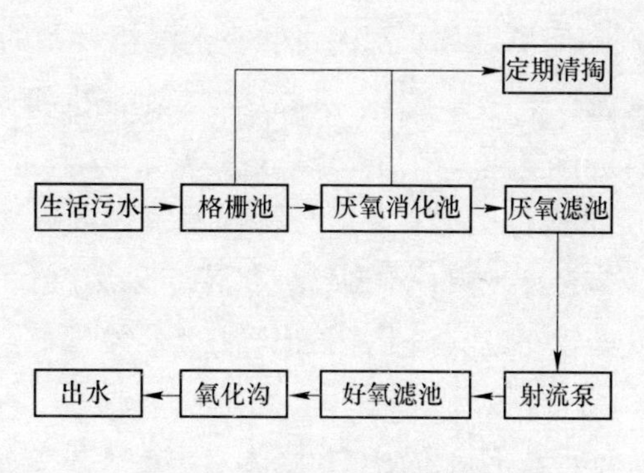

图 4-4 地埋式微动力氧化沟

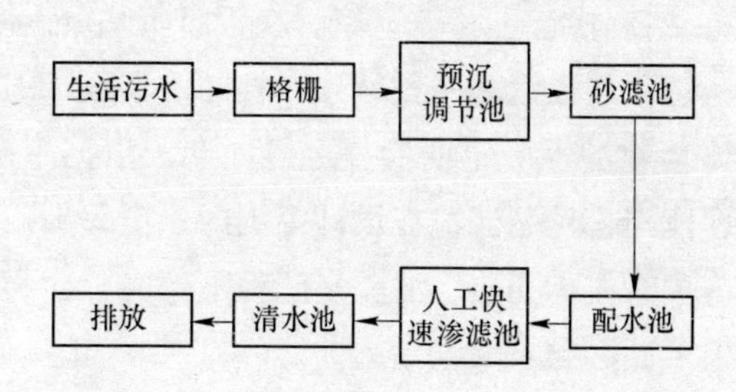

图 4-5 人工快速渗滤系统处理工艺流程图

4.1.3.3 质量检验

（1）基础。基础承压必须大于设计要求，同时要求水平、平整。如设备埋于地坪以下，基础标高必须小于或等于设备标高并保证下雨不积水，基础一般是素混凝土（是否配筋视当地地质情况而定）。

（2）安装。施工时根据安装图摆放就位，各箱体依次就位，箱体的位置、方向、间距准确，并连接好管道，预制的池壁板应保证几何尺寸准确，池壁板安装的间隙允许偏差应为±10mm，检验的时候先检查外观，再检查尺寸，确保安装正确。

（3）底板。检查底板高程和坡度时，其高度和坡度的偏差应在允许范围内，其中底板高程允许偏差应为±5mm，坡度允许偏差应为±0.15%，底板平整度允许偏差应为 5mm。

（4）堰板。堰板加工厚度应均匀一致，锯齿外形尺寸应对称、分布均匀；堰板安装应平整、垂直、牢固，安装位置及高程应准确；堰板齿口下底高程应处在同一水平线上，接缝应严密，保证全周长上的水平度允许偏差应不大于±1mm。

（5）刮泥机和吸刮泥机设备。刮泥机和吸刮泥机设备的过载装置应动作灵敏可靠，撇渣板和刮泥板不应有卡住、突跳现象，刮泥机和吸刮泥机安装前应对池子直径、池底标高进行复测，满足要求后进行安装。

（6）其他部位质量检验。预制混凝土构件安装位置应准确、牢固，不应出现扭曲、损坏、明显错台等现象；预制壁板和混凝土湿接缝不能有裂缝；系统安装完毕后，微孔曝气器管路应吹扫干净，出气孔不得堵塞。

4.1.3.4 运营与维护

定期做好污水处理设施的后续维护、检查、清掏工作，保证整个污水处理系统能够长久有效的运行。

（1）人工湿地。人工湿地进水量应控制在设计允许范围内，并不得长时间断流，要监管湿地植物，加强污水的预处理，控制不良气味的产生。

（2）生物滤池。生物滤池应定期检查运行周期，根据不同季节、不同水质，规定运行周期的合理范围，控制滤速在设计范围内；应每周检查生物滤池的堵塞状况，定期清理。清理滤料承托层、滤头及滤板下部时，应将生物滤池放空。工作人员进入生物滤板下部必须有安全措施。

（3）稳定塘。稳定塘的进水量应控制在设计范围内；应监管稳定塘内水生植物；应定期清理塘底泥；应监管稳定塘的防渗性能。

（4）地埋式牲畜污水处理设施。地埋式牲畜污水处理设施采用自动运行的方式，水泵在高水位自动开启，在低水位自动关闭。风机固定时间自动轮换，始终保持一台风机运转的状态。

4.1.3.5 地埋式污水处理设施

地埋式污水处理设施中沉淀池的污泥定时自动排入指定池体内。一般6～12个必须进行一次污泥外运处理。可考虑采用移动式污泥处理车，将剩余污泥经车载处理系统脱水后直接运至处置地点，进行堆肥、填埋或还田等，由于设施大多靠近农村或林地，苗圃等污泥处理达到相应的规定或标准后，可直接还原于农田或绿地。

4.1.4 设施图例

污水处理工程设施图例如图4-6～图4-11所示。

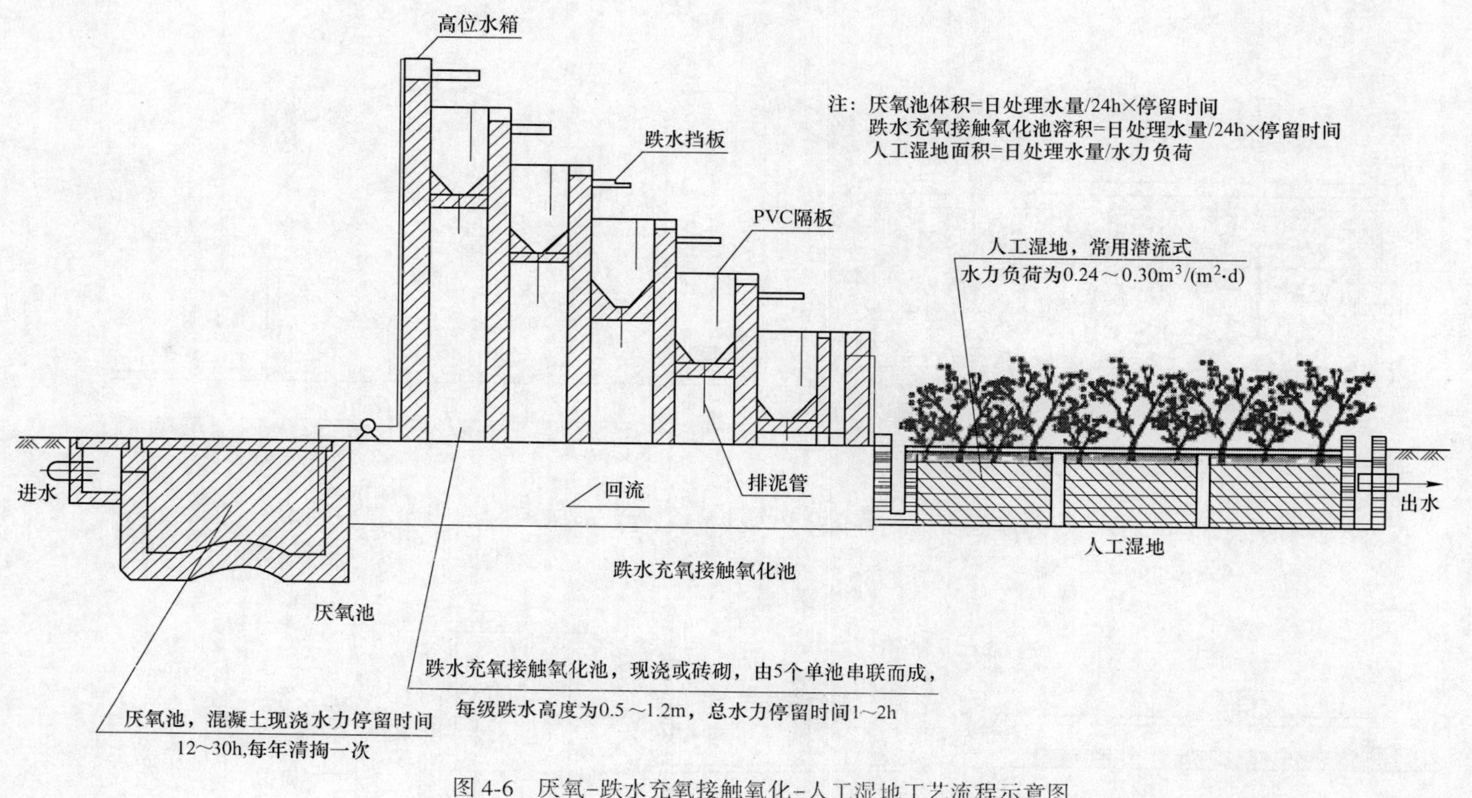

图 4-6 厌氧-跌水充氧接触氧化-人工湿地工艺流程示意图

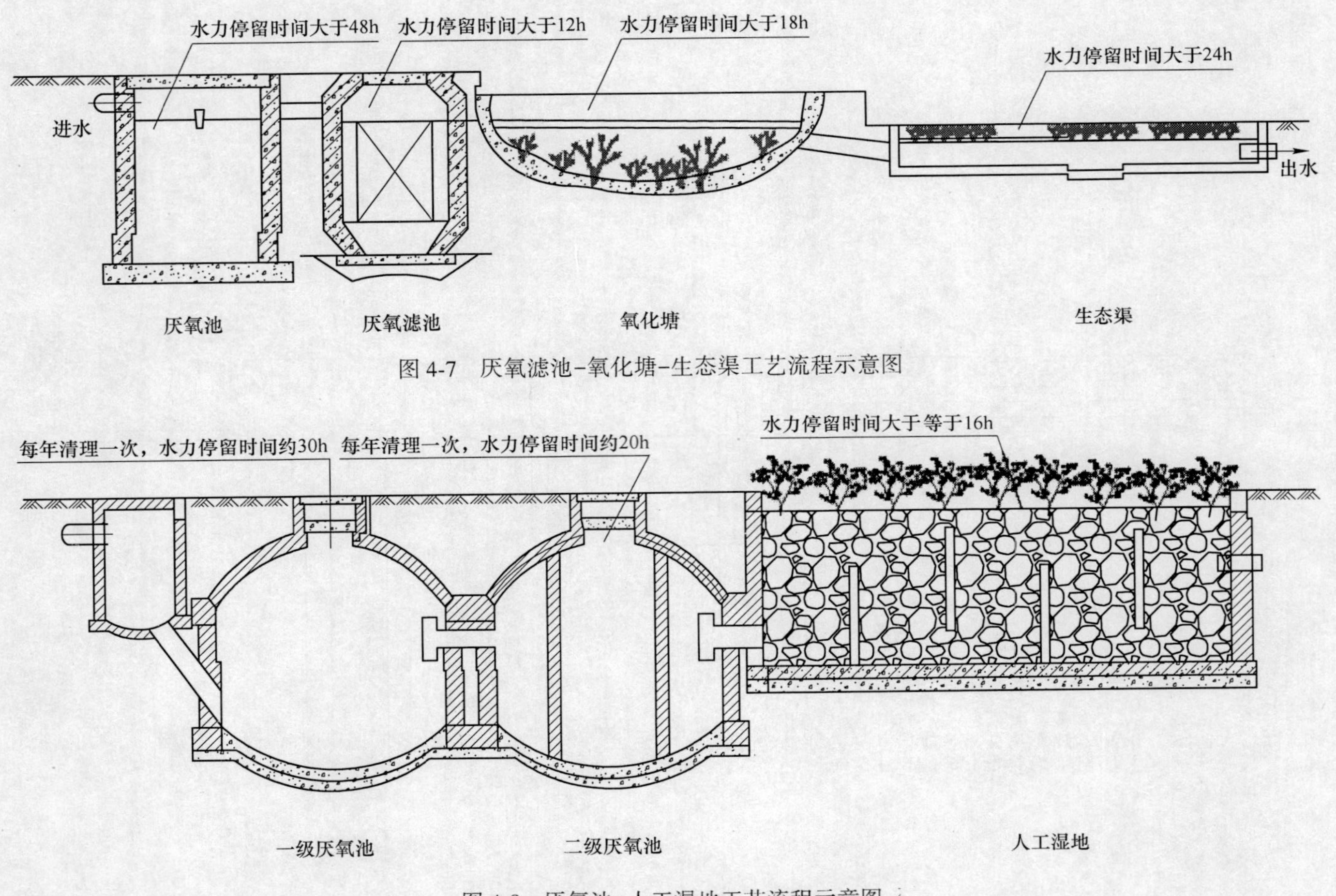

图 4-7 厌氧滤池-氧化塘-生态渠工艺流程示意图

图 4-8 厌氧池-人工湿地工艺流程示意图

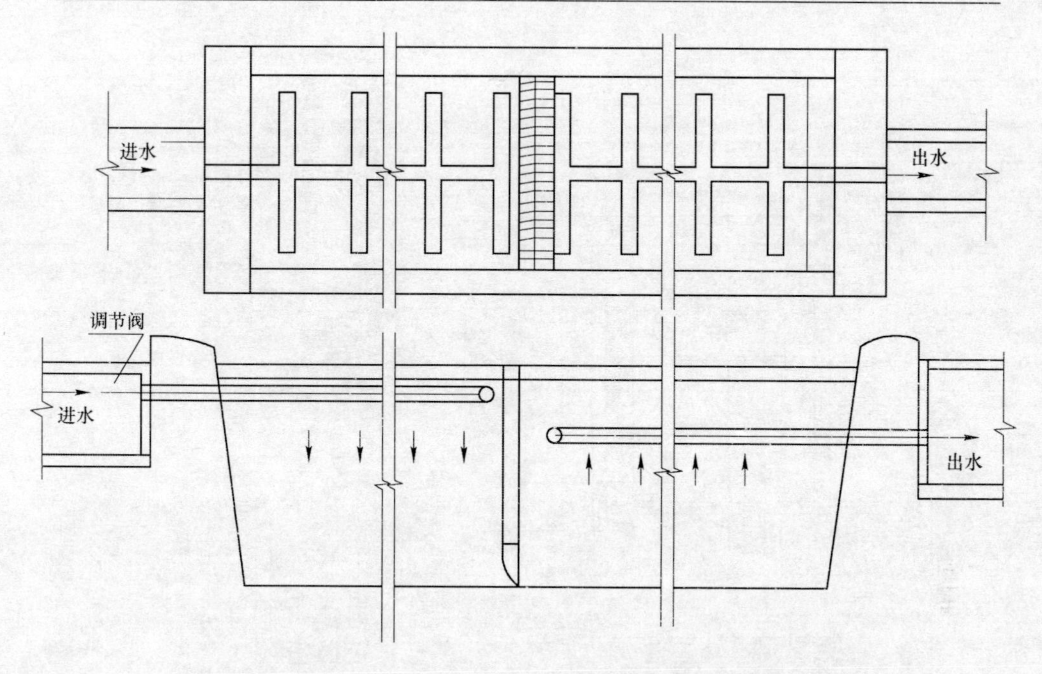

图 4-9　复合垂直流人工湿地进水配水系统与出水集水系统示意图

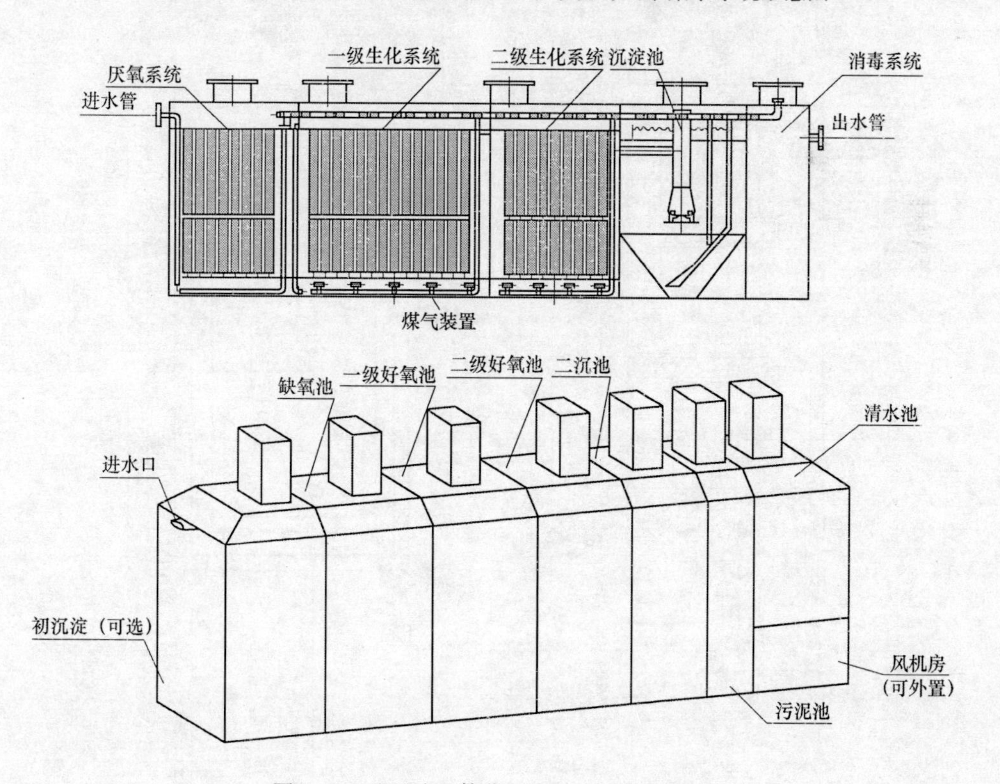

图 4-10　地埋式一体化污水处理设备示意图

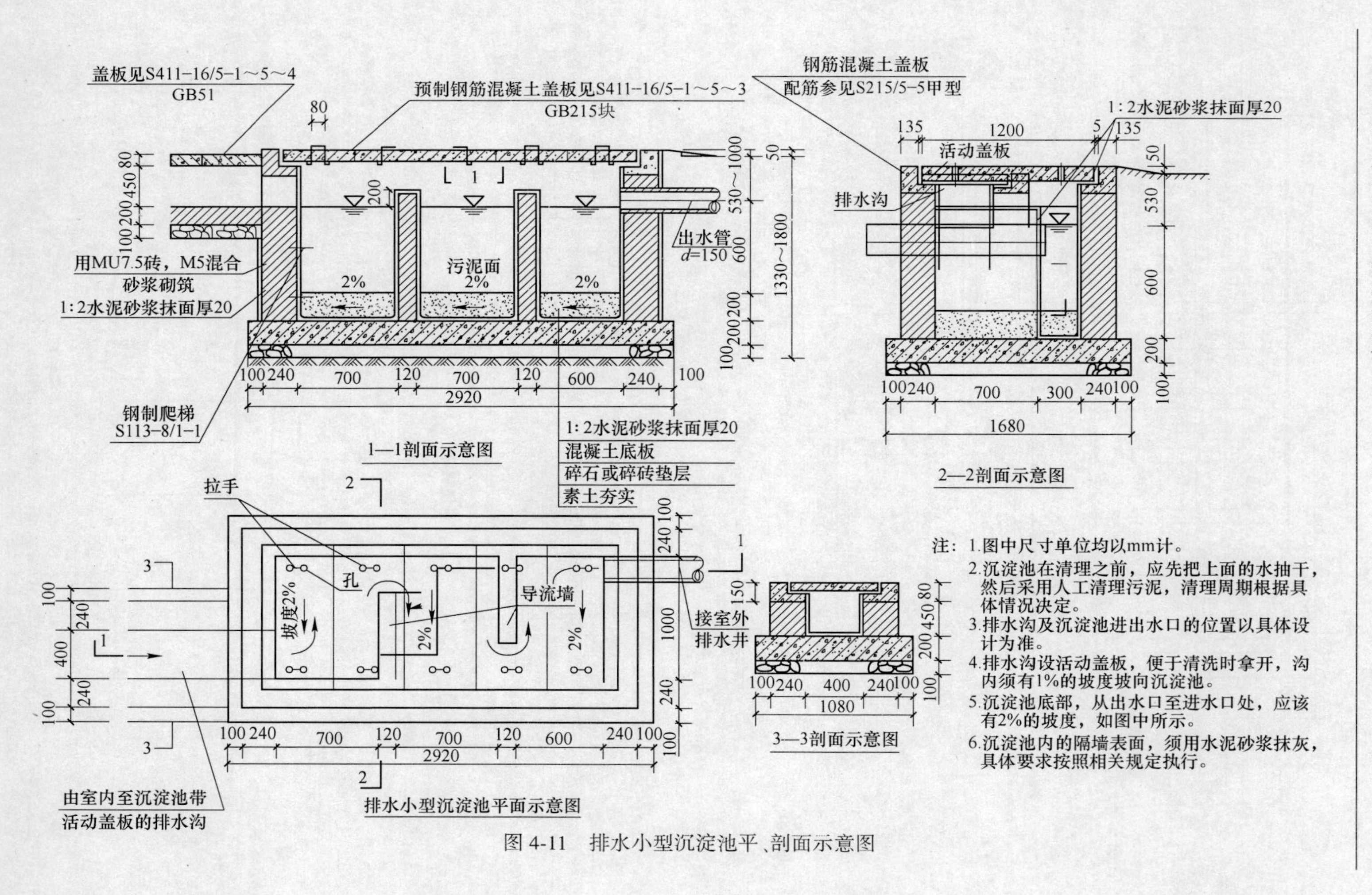

注：1.图中尺寸单位均以mm计。

2.沉淀池在清理之前，应先把上面的水抽干，然后采用人工清理污泥，清理周期根据具体情况决定。

3.排水沟及沉淀池进出水口的位置以具体设计为准。

4.排水沟设活动盖板，便于清洗时拿开，沟内须有1%的坡度坡向沉淀池。

5.沉淀池底部，从出水口至进水口处，应该有2%的坡度，如图中所示。

6.沉淀池内的隔墙表面，须用水泥砂浆抹灰，具体要求按照相关规定执行。

图 4-11 排水小型沉淀池平、剖面示意图

4.2 污水排放工程

4.2.1 概念内涵

（1）基本概念。污水排放工程是连接污水处理设施与指定排放地点的设施，主要包括分流井、检查井、排水渠及排水格栅等。由于污水排放工程所排泄的水是受污染的水，含有大量的悬浮物，尤其是生活污水中会含有纤维类和其他大块的杂物，容易引起管道堵塞，因此具有工程线路长、不确定因素多、管线规格多、工程施工方案复杂等特点。

（2）污水管道敷设要求。排水管道敷设时，相互间以及与其他管线的水平距离和垂直净距，应根据两种管道的类型、埋深、施工检修的相互影响、道路上附属构筑物的大小和当地有关规定等因素确定。

对于具有零摄氏度以下气温地区，暴露在外的排水管道在铺设时可根据实际情况考虑靠近供暖管道、浅埋、深挖、保温、自发热等措施，防止排水管道结冰堵塞。

对于湿度较大、淤泥质土，以及由于降雨或海拔等原因季节性内涝地区，排水管道应考虑采用塑料管、混凝土等受湿度影响较小的材料。如必须采取对湿度较为敏感的材料则应增强排水管道的防水防渗能力。

4.2.2 规范标准

4.2.2.1 设计、施工与验收规范及标准

（1）《建筑给水排水设计标准》(GB 50015—2019)。

（2）《建筑给水排水及采暖施工质量验收规范》(GB 50242—2002)。

（3）《建筑排水金属管道工程技术规程》(CJJ 127—2009)。

（4）《排水用柔性接口铸铁管、管件及附件》（GB/T 12772—2016)。

（5）《建筑结构可靠度设计统一标准》(GB 50068—2001)。

（6）《湿陷性黄土地区建筑规范》(GB 50025—2004)。

（7）《湿陷性黄土地区建筑基坑工程安全技术规程》(JGJ 167—2009)。

4.2.2.2 污水排放管道要求

村镇排水系统应具有有效收集、输送、处理、处置和利用污水的功能，减少水污染物的排放；排水系统的工程规模、总体布局和综合径流系数等合理规划，与社会经济发展和相关基础设施建设相协调。

在废水中含有大量悬浮物或沉淀物需经常冲洗、设备排水支管很多且管道连接困难、排水点位置不固定、地面需要经常冲洗的地方宜采用有盖的排水沟排除；当废水中可能夹带纤维或有大块物体时，需在排水沟与排水管道连接处设置

格栅或网筐地漏；在室内生活废水排水沟与室外生活污水管道的连接处，需设水封装置；当排水管穿越地下室外墙或地下构筑物的墙壁时，需采取防水措施；当建筑物沉降可能导致排出管倒坡时，应采取防倒坡措施；当排水管道在穿越楼层设套管且立管底部架空时，需在立管底部设支墩或其他固定措施，地下室立管与排水横管转弯处也应设置支墩或固定措施。

4.2.2.3 污水管道安置要求

在建筑物内的生活排水铸铁管道的通用坡度、最小坡度和最大设计充满度宜满足以下要求，见表4-2；在建筑物内的排水塑料横管的坡度、设计充满度应符合下列规定，见表4-3。

表4-2 建筑物内生活排水铸铁管道的最小坡度和最大设计充满度

<table>
<tr><th>管径/mm</th><th>通用坡度</th><th>最小坡度</th><th>最大设计充满度</th></tr>
<tr><td>50</td><td>0.035</td><td>0.025</td><td rowspan="4">0.5</td></tr>
<tr><td>75</td><td>0.025</td><td>0.015</td></tr>
<tr><td>100</td><td>0.020</td><td>0.012</td></tr>
<tr><td>125</td><td>0.015</td><td>0.010</td></tr>
<tr><td>150</td><td>0.010</td><td>0.007</td><td rowspan="2">0.6</td></tr>
<tr><td>200</td><td>0.008</td><td>0.005</td></tr>
</table>

表4-3 建筑排水塑料管排水横管的最小坡度、通用坡度和最大设计充满度

<table>
<tr><th>外径/mm</th><th>通用坡度</th><th>最小坡度</th><th>最大设计充满度</th></tr>
<tr><td>110</td><td>0.012</td><td>0.0040</td><td rowspan="2">0.5</td></tr>
<tr><td>125</td><td>0.010</td><td>0.0035</td></tr>
<tr><td>160</td><td>0.007</td><td rowspan="4">0.0030</td><td rowspan="4">0.6</td></tr>
<tr><td>200</td><td rowspan="3">0.005</td></tr>
<tr><td>250</td></tr>
<tr><td>315</td></tr>
</table>

注：胶圈密封接口的塑料排水横支管可调整为通用坡度。

对于生活污水单独排至化粪池的室外生活污水接户管道，当管径为160mm时，最小设计坡度宜为0.010~0.012；当管径为200mm时，最小设计坡度宜为0.010。在室外埋地生活排水管道最小管径、最小设计坡度和最大设计充满度宜满足下列要求，见表4-4。

表 4-4 室外生活排水管道最小管径、最小设计坡度和最大设计充满度

管别	最小管径/mm	最小设计坡度	最大设计充满度
接户管支管	160（150）	0.005	0.5
	160（150）		
干管	200（200）	0.004	
	≥315（300）		

注：接户管管径不得小于建筑物排出管管径。

4.2.2.4 污水排放设施

污水排放设施主要包括分流井、检查井、排水沟及排水格栅等。

（1）分流井。分流井用于连接雨水汇集管、雨水收集管和弃流管。雨水汇集管和弃流管标高相同，高于雨水收集管。分流井具有缓解水流压力、施工方便迅速、节约成本、防腐蚀、使用寿命长的优点。分流井各管径信息见表 4-5。

表 4-5 分流井各管径信息 （mm）

井筒直径	井筒高度	汇集管径	收集管径	弃流管径
DN600	根据现场情况确定，常规高度 1000~1500	DN200	DN200	DN200
DN700		DN300	DN300	DN300
DN800		DN400	DN400	DN400
DN1000		DN500	DN500	DN500
DN1200		DN600	DN600	DN600

（2）检查井。检查井是用在城镇范围内埋地塑料排水管道外径不大于 800mm、埋设深度不大于 6m，一般设在排水管道交汇处、转弯处、管径或坡度改变处、跌水处等，为了便于定期检查、清洁和疏通或下井操作的检查用的塑料一体注塑而成或者砖砌成的井状构筑物。检查井具有一次性成型、耐腐蚀、耐老化、使用寿命长、连接灵活方便、密封性好、安装简便、重量轻、易于运输和安装、性能可靠、承载能力强、有效预防堵塞等优点。

（3）排水沟。排水沟指的是将边沟、截水沟和路基附近、庄稼地里、住宅附近低洼处汇集的水引向路基、庄稼地、住宅地以外的水沟。排水沟设计按照排水系统工程布局和工程标准，确定田间排水沟深度和间距，并分析计算各级排水沟道和建筑物的流量、水位、断面尺寸和工程量。

（4）排水格栅。排水格栅是污水处理过程中最主要的辅助设备之一。格栅一般由一组平行的栅条组成，并倾斜 60°~80°放置。按形状，格栅可分为平面与曲面格栅两种。平面格栅由栅条与框架组成。曲面格栅又可分为固定曲面格栅与旋转鼓筒式格栅两种。按格栅栅条的净间距，可分为粗格栅（50~100mm）、中

格栅（10~40mm）、细格栅（1.5~10mm）三种。平面格栅与曲面格栅都可做成粗、中、细三种。由于格栅是物理处理的重要设施，故新设计的污水处理厂一般采用粗、中两道格栅，甚至采用粗、中、细三道格栅。按清渣方式，格栅可分为人工清渣和机械清渣格栅两种。人工清渣格栅更适用于小型污水处理厂。

4.2.2.5 污水排放浓度要求

采用集中式二级生化污水处理方式，按照功能区水体相关要求及排放标准处理达标后排放，原则上要求达到国标《污水综合排放标准》（GB 8978）中“城镇二级污水处理厂”的一级标准；采用分散式污水处理方式，排放标准可参照执行国标《污水综合排放标准》中“其他排污单位”的一级标准；采用庭院式小型湿地处理、土地灌溉处理、户用成套污水处理设备等方式，排放标准可参照执行国标《污水综合排放标准》中“其他排污单位”的二级标准，见表4-6。

表4-6 第二类污染物最高允许排放浓度 （mg/L）

序号	污染物	适用范围	一级标准	二级标准	三级标准
1	pH	一切排污单位	6~9	6~9	6~9
2	色度（稀释倍数）	一切排污单位	50	80	—
3	悬浮物（SS）	城镇二级污水处理厂	20	30	—
		其他排污单位	70	150	400
4	化学含氧量（COD）	城镇二级污水处理厂	60	120	—
		其他排污单位	100	150	500
5	石油类	一切排污单位	5	10	20
6	动植物油	一切排污单位	10	15	100
7	挥发酚	一切排污单位	0.5	0.5	2.0
8	总氰化合物	其他排污单位	0.5	0.5	1.0
9	硫化物	一切排污单位	1.0	1.0	1.0
10	氨氟	其他排污单位	15	25	—
11	氟化物	其他排污单位	10	10	20
12	磷酸盐（以P计）	一切排污单位	0.5	1.0	—
13	甲醛	一切排污单位	1.0	2.0	5.0
14	苯胺类	一切排污单位	1.0	2.0	5.0
15	硝基苯类	一切排污单位	2.0	3.0	5.0
16	阴离子表面活性剂（LAS）	其他排污单位	5.0	10	20
17	总铜	一切排污单位	0.5	1.0	2.0
18	总锌	一切排污单位	2.0	5.0	5.0
19	总锰	其他排污单位	2.0	2.0	5.0

续表 4-6

序号	污 染 物	适用范围	一级标准	二级标准	三级标准
20	元素磷	一切排污单位	0.1	0.1	0.3
21	有机磷农药（以 P 计）	一切排污单位	不得检出	0.5	0.5
22	乐果	一切排污单位	不得检出	1.0	2.0
23	对硫磷	一切排污单位	不得检出	1.0	2.0
24	甲基对硫磷	一切排污单位	不得检出	1.0	2.0
25	马拉硫磷	一切排污单位	不得检出	5.0	10
26	五氯酚及五氯酚钠（以五氯酚计）	一切排污单位	5.0	8.0	10
27	可吸附有机卤化物（AOX）（以 Cl 计）	一切排污单位	1.0	5.0	8.0
28	三氯甲烷	一切排污单位	0.3	0.6	1.0
29	四氯化碳	一切排污单位	0.03	0.06	0.5
30	三氯乙烯	一切排污单位	0.3	0.6	1.0
31	四氯乙烯	一切排污单位	0.1	0.2	0.5
32	苯	一切排污单位	0.1	0.2	0.5
33	甲苯	一切排污单位	0.1	0.2	0.5
34	乙苯	一切排污单位	0.4	0.6	1.0
35	邻-二甲苯	一切排污单位	0.4	0.6	1.0
36	对-二甲苯	一切排污单位	0.4	0.6	1.0
37	间-二甲苯	一切排污单位	0.4	0.6	1.0
38	氯苯	一切排污单位	0.2	0.4	1.0
39	邻-二氯苯	一切排污单位	0.4	0.6	1.0
40	对-二氯苯	一切排污单位	0.4	0.6	1.0
41	间-硝基氯苯	一切排污单位	0.5	1.0	5.0
42	2,4-二硝基氯苯	一切排污单位	0.5	1.0	5.0
43	苯酚	一切排污单位	0.3	0.4	1.0
44	间-甲酚	一切排污单位	0.1	0.2	0.5
45	2,4-二氯酚	一切排污单位	0.6	0.8	1.0
46	2,4,6-三氯酚	一切排污单位	0.6	0.8	1.0
47	邻苯二甲酸二丁酯	一切排污单位	0.2	0.4	2.0

注：一切排污单位：指适用范围所包括的一切排污单位；

其他排污单位：指在某一控制项目中，除所列行业外的一切排污单位。

4.2.3 工艺要点

4.2.3.1 选材

(1) HDPE管道。在使用HDPE管道作为排水管时，应注意：HDPE管道颜色应均匀一致，无色泽不均或分解变色线；管件外形应完整无损，无变形、合模缝，浇口应平整无开裂，它的内壁应光滑、平整，无变形、气泡、脱皮，无严重的冷斑及明显的裂纹、凹陷；管材的轴向不得有异向弯曲，其直线度偏差应小于1%，端口必须平直，垂直于轴线；管件、管材的接口工作面应平整、尺寸正确以保证接口的使用。埋设于填层中的管道不得采用橡胶圈密封接口，排水管道的横管与立管连接，宜采用45°斜三通或45°斜四通和顺水三通或顺水四通。

根据环境保护工作的要求，在国土开发密度已经较高、环境承载力开始减弱或环境容量较小、生态环境脆弱，容易发生严重环境污染问题而需要采取特别保护措施的地区，应严格控制污染物排放行为；排渣要设置多处排出口，及时适量地排出沉淀污泥与悬浮渣，并运至干化场干化或用固液分离机分离，制成高效有机肥。

(2) 格栅。格栅是污水泵站中最主要的辅助设备。粗格栅主要用来拦截污水中的大块漂浮物，以保证后续处理构筑物的正常运行及有效减轻处理负荷，为系统的长期正常运行提供保证。格栅一般由一组平行的栅条组成，斜置于泵站集水池的进口处。其倾斜角度为60°~80°。格栅后应设置工作台，工作台一般应高于格栅上游最高水位0.5m。对于人工清渣的格栅，其工作台沿水流方向的长度不小于1.2m，机械清渣的格栅，其长度不小于1.5m，两侧过道宽度不小于0.7m。

4.2.3.2 施工工艺与要点

(1) 沟槽开挖。开挖沟槽时，应按照规范规定的施工要求的断面及方法进行，不得欠挖和超挖，基础施工之前，必须及时复核高程样板标高，以控制挖土、垫层和基础面标高。基础的底层土应人工挖除，修整槽底，如有超挖应用砾石砂或碎石等填实，必须做好地表水和降雨雨水的疏导和排除工作。

(2) 配件预制及现场堆放。配件在预制时，需派施工技术人员会同监理不定期到厂方检查，运至现场的配件视现场情况就近沿途单排堆放，堆放时严禁配件中间有硬物顶撞，防止配件碰坏，同时不得妨碍机械的通行且必须在起重机工作幅度范围内。

(3) 管道施工。管道施工时必须逐节进行检查，不合格不得使用，管节铺设应顺直、稳固，相邻两管接头处的流水面高差不得大于5mm，管内不得有泥土、砖石砂浆等杂物。检查井施工时需在已安装混凝土管检查井处，放出检查井中心位置，按内径摆出井壁砖墙位置。检查井砌筑时随时检查井径尺寸及垂直度，自井底向上砌筑高井室，砌完井室后应及时安装混凝土盖板及井筒，安装时砖墙顶面用水冲净后铺砂浆，按设计高程找平，井盖应与设计路面齐平。在管道安装完成后，污水管道必须按规范做闭水试验。

（4）闭水试验。闭水试验是检验防水是否达标的试验，也叫蓄水试验。闭水试验的蓄水深度应不小于20mm，蓄水高度一般为30~40mm，蓄水时间不得低于24h，观察有无漏水现象，无漏水现象视为合格。

闭水试验前，施工现场应具备以下条件：1）管道及检查井的外观质量及“量测”检验均已合格；2）管道两端的管堵（砖砌筑）应封堵严密、牢固，下游管堵设置放水管和截门，管堵经核算可以承受压力；3）现场的水源满足闭水需要，不影响其他用水；4）选好排放水的位置，不得影响周围环境。

在具备了闭水条件后，即可进行管道闭水试验。闭水试验的步骤如下：1）注水浸泡，注水过程应检查管堵、管道、井身，无漏水和严重渗水，在浸泡管和井1~2d进行闭水试验；2）闭水试验，将水灌至规定的水位，开始记录，对渗水量的测定时间不少于30min，根据井内水面的下降值计算渗水量，渗水量不超过规定的允许渗水量即为合格；3）试验渗水量计算，渗水量试验时间30min时，每1km管道每昼夜渗水量为$Q=48q\times(1000/L)$（其中：Q为每1km管道每天的渗水量，q为闭水管道30min的渗水量，L为闭水管段长度），当$Q\leqslant$允许渗水量时，试验即为合格。

（5）沟槽回填。管道两侧回填采用人工夯实，检查井四周回填要特别注意保证压实度，必要时换填灰土，管道两侧和管顶以上由管沟两侧对称回填，不得集中一侧直接堆入沟内。填土夯实要逐层进行，且不得移动管道。管道与基础之间的三角区的夯实，由人工用木夯夯实；采用木夯或蛙夯压实，都要一夯压半夯，夯夯相连，全面夯实。分段回填夯实时，相邻段的接槎呈阶梯形，不得漏夯。井室周边回填时，现场浇筑混凝土的强度要达到设计规定。回填必须沿井室中心对称进行，且不得漏夯；当不便与管道沟槽回填同时进行时，要留台阶形接槎，回填材料压实后要与井壁紧贴。

（6）施工要求。排水管道不得穿过沉降缝、伸缩缝、变形缝、烟道和风道；当排水管道必须穿过沉降缝、伸缩缝和变形缝时，应采取相应技术措施。埋地排水管道，不得布置在可能受重物压坏处或穿越生产设备基础。塑料排水管应该避免布置在容易受机械撞击处，当不能避免时，应采取保护措施。基坑的上、下部和四周必须设置排水系统，流水坡向应明显，不得积水。基坑上部排水沟与基坑边缘的距离应该大于2m，沟底和两侧必须做防渗处理。基坑底部四周应设置排水沟和集水坑。

4.2.3.3 质量检验

承插口或企口多种接口应平直，环形间隙应均匀，灰口应整齐、密实、饱满，不得有裂缝、空鼓等现象；井壁必须互相垂直，不得有通缝，必须保证灰浆饱满、灰缝平整，抹面压光，不得有空鼓、裂缝等现象；井框、井盖必须完整无损、安装平整、位置正确；边坡必须平整、坚实、稳定，严禁贴坡；混凝土基础不得有石子外露、脱皮、裂缝等现象；伸缩缝位置应正确、垂直、贯通；支、吊、托架安装位置应正确，埋设平整、牢固、砂浆饱满，但不应突出墙面，与管道接触应紧密；滑动支架应灵活，滑托与滑槽间应留有 3～5mm 的间隙，并留有一定的偏移量；阀门安装应紧固、严密，与管道中心线应垂直，操作机构应灵活、准确。

4.2.3.4 运营与维护

(1) 检查。在运营阶段要按照设备使用说明的要求定期检查维护水泵、鼓风机等机电设备，确保工程的正常运行和整洁。

(2) 维护。在运营阶段需要定期清理管道和沟渠的淤积物，保持过流通畅。对于格栅的维护，每周需对格栅进行清渣一次，以保持格栅井的正常功能；对于蓄水池的维护，每半年需对蓄水池清淤一次；对于沉淀池的维护，每年需对沉淀池进行清渣一次，以防止泥沙淤积造成堵塞；对于厌氧池的维护，每年需对厌氧池进行清淤一次，以防止污泥淤积，厌氧池作业时，要先打开全部的检查井井盖强制通风，在确保安全的情况下方可进入，防止发生窒息或中毒事故；对于人工湿地的维护，每月需对人工湿地内杂草、病虫害以及植物残体进行清理，根据地区气候环境，视植物生长情况对人工湿地植物进行收割和补种。

(3) 上报。日常检查过程中，遇到下列问题要及时上报：主体工程无进出水、渗漏、堵塞；亲水性植物枯萎、死亡；围栏有破损；污水管网裸露、破损、堵塞、井盖破损等；村镇污水工程总布局图和点位示意图的缺损；设备的停用、报废、拆除等。

(4) 检查要求。检查村庄排污（包括牲畜污水排放）管道时，井盖开启、损坏或遗失时，应立即采取安全防护措施，并及时更换；当管道管径小于 0.8m 时或者井深不超过 3m 在穿竹片牵引钢丝绳和掏挖污泥时，不宜下井操作；当操作人员下井作业时，应开启上下游检查井盖通风，并加强对有害气体监测等其他安全保护措施；下井人员应经过安全技术培训，学会人工急救和防护用具、照明及通信设备的使用方法；上井时应将工具收拾完毕，带出管道，严禁把杂物投入管道或下水道；井上安排两人监护，监护人员不得擅离职守，每次下井连续作业时间不宜超过 1h。

4.2.4 设施图例

污水排放工程设施图例如图 4-12～图 4-18 所示，设计参数见表 4-7～表 4-9。

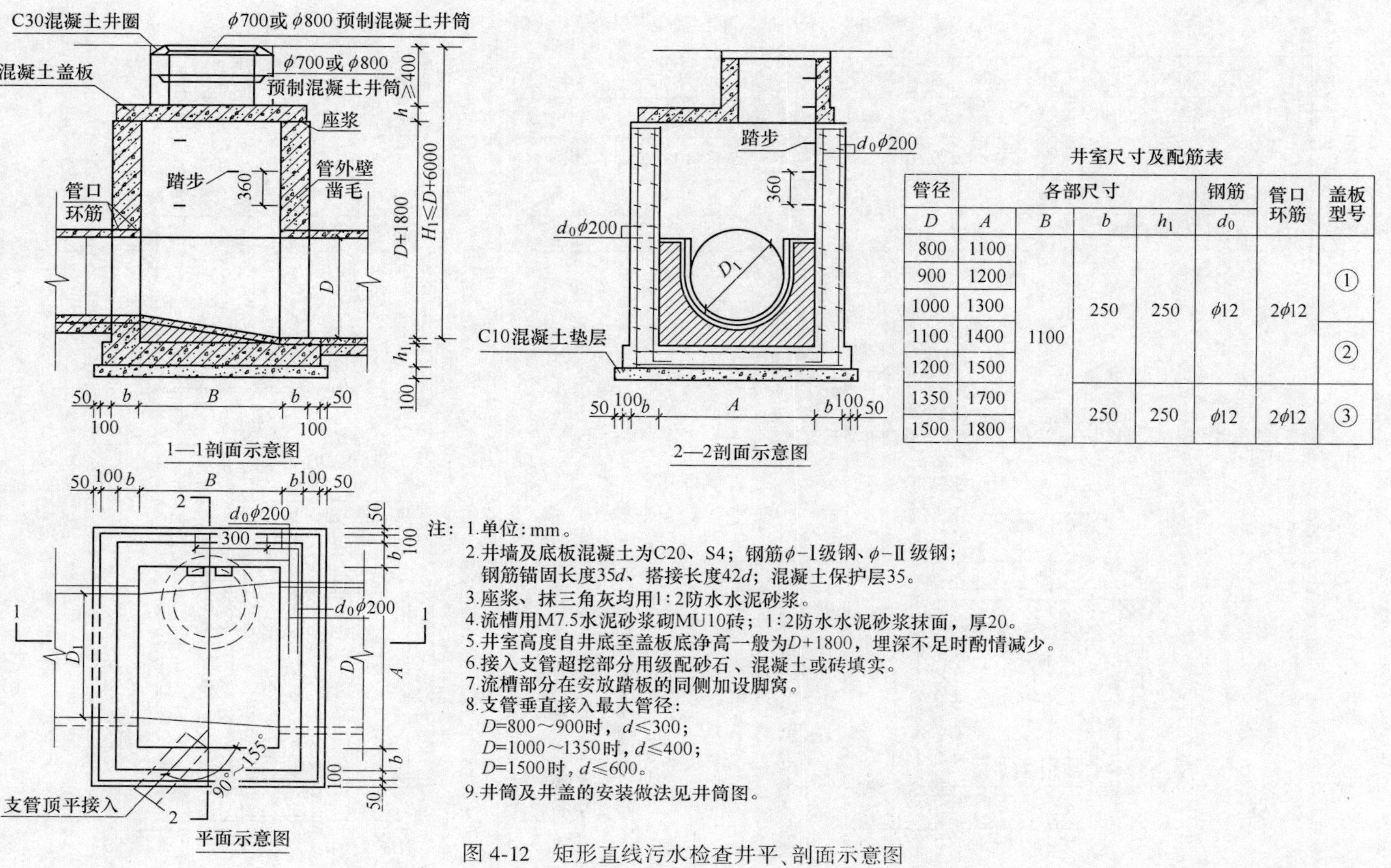

井室尺寸及配筋表

<table>
<tr><th rowspan="2">管径
D</th><th colspan="4">各部尺寸</th><th>钢筋</th><th rowspan="2">管口
环筋</th><th rowspan="2">盖板
型号</th></tr>
<tr><th>A</th><th>B</th><th>b</th><th>h_1</th><th>d_0</th></tr>
<tr><td>800</td><td>1100</td><td rowspan="7">1100</td><td rowspan="5">250</td><td rowspan="5">250</td><td rowspan="5">ϕ12</td><td rowspan="5">2ϕ12</td><td rowspan="3">①</td></tr>
<tr><td>900</td><td>1200</td></tr>
<tr><td>1000</td><td>1300</td></tr>
<tr><td>1100</td><td>1400</td><td rowspan="2">②</td></tr>
<tr><td>1200</td><td>1500</td></tr>
<tr><td>1350</td><td>1700</td><td rowspan="2">250</td><td rowspan="2">250</td><td rowspan="2">ϕ12</td><td rowspan="2">2ϕ12</td><td rowspan="2">③</td></tr>
<tr><td>1500</td><td>1800</td></tr>
</table>

注：1.单位：mm。
2.井墙及底板混凝土为C20、S4；钢筋ϕ-Ⅰ级钢、ϕ-Ⅱ级钢；钢筋锚固长度35d、搭接长度42d；混凝土保护层35。
3.座浆、抹三角灰均用1:2防水水泥砂浆。
4.流槽用M7.5水泥砂浆砌MU10砖；1:2防水水泥砂浆抹面，厚20。
5.井室高度自井底至盖板底净高一般为D+1800，埋深不足时酌情减少。
6.接入支管超挖部分用级配砂石、混凝土或砖填实。
7.流槽部分在安放踏板的同侧加设脚窝。
8.支管垂直接入最大管径：
D=800~900时，$d \leq 300$；
D=1000~1350时，$d \leq 400$；
D=1500时，$d \leq 600$。
9.井筒及井盖的安装做法见井筒图。

图 4-12　矩形直线污水检查井平、剖面示意图

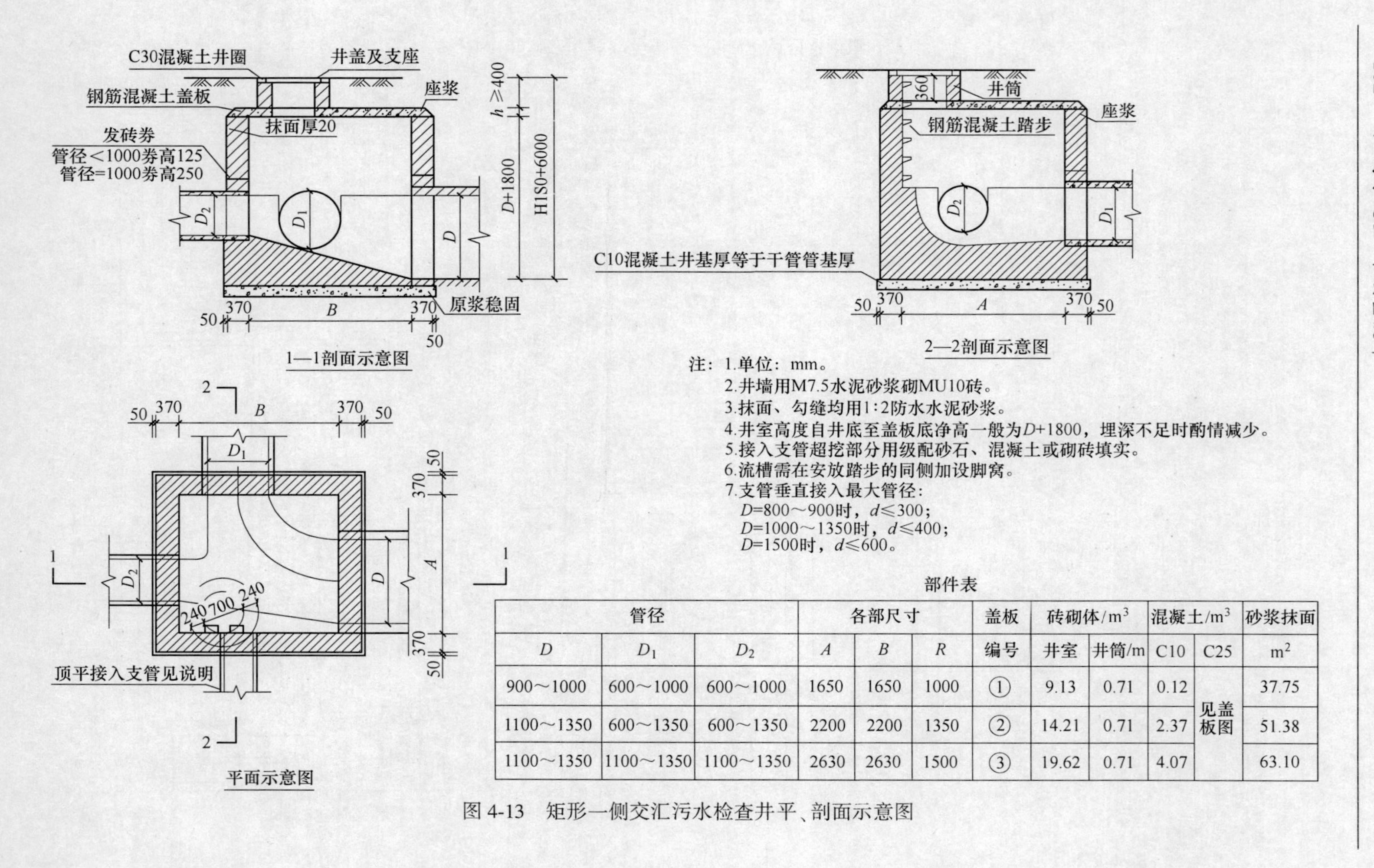

注：1.单位：mm。
2.井墙用M7.5水泥砂浆砌MU10砖。
3.抹面、勾缝均用1:2防水水泥砂浆。
4.井室高度自井底至盖板底净高一般为D+1800，埋深不足时酌情减少。
5.接入支管超挖部分用级配砂石、混凝土或砌砖填实。
6.流槽需在安放踏步的同侧加设脚窝。
7.支管垂直接入最大管径：
D=800～900时，d≤300；
D=1000～1350时，d≤400；
D=1500时，d≤600。

部件表

管径			各部尺寸			盖板	砖砌体/m³		混凝土/m³		砂浆抹面
D	D_1	D_2	A	B	R	编号	井室	井筒/m	C10	C25	m²
900～1000	600～1000	600～1000	1650	1650	1000	①	9.13	0.71	0.12	见盖板图	37.75
1100～1350	600～1350	600～1350	2200	2200	1350	②	14.21	0.71	2.37		51.38
1100～1350	1100～1350	1100～1350	2630	2630	1500	③	19.62	0.71	4.07		63.10

图 4-13 矩形一侧交汇污水检查井平、剖面示意图

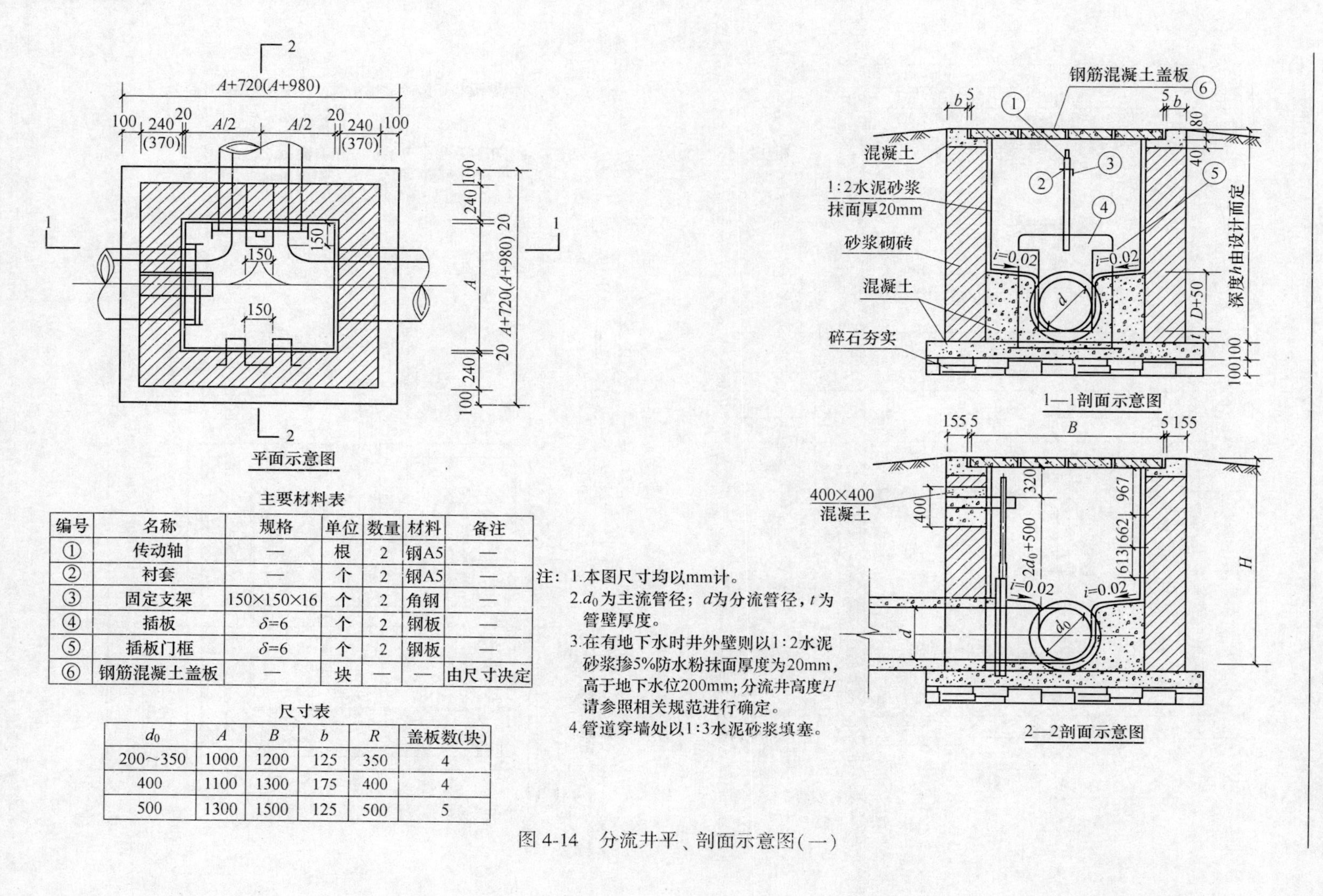

主要材料表

编号	名称	规格	单位	数量	材料	备注
①	传动轴	—	根	2	钢A5	—
②	衬套	—	个	2	钢A5	—
③	固定支架	150×150×16	个	2	角钢	—
④	插板	δ=6	个	2	钢板	—
⑤	插板门框	δ=6	个	2	钢板	—
⑥	钢筋混凝土盖板	—	块	—	—	由尺寸决定

尺寸表

d_0	A	B	b	R	盖板数(块)
200～350	1000	1200	125	350	4
400	1100	1300	175	400	4
500	1300	1500	125	500	5

注：1.本图尺寸均以mm计。
2.d_0为主流管径；d为分流管径，t为管壁厚度。
3.在有地下水时井外壁则以1:2水泥砂浆掺5%防水粉抹面厚度为20mm，高于地下水位200mm；分流井高度H请参照相关规范进行确定。
4.管道穿墙处以1:3水泥砂浆填塞。

图4-14 分流井平、剖面示意图(一)

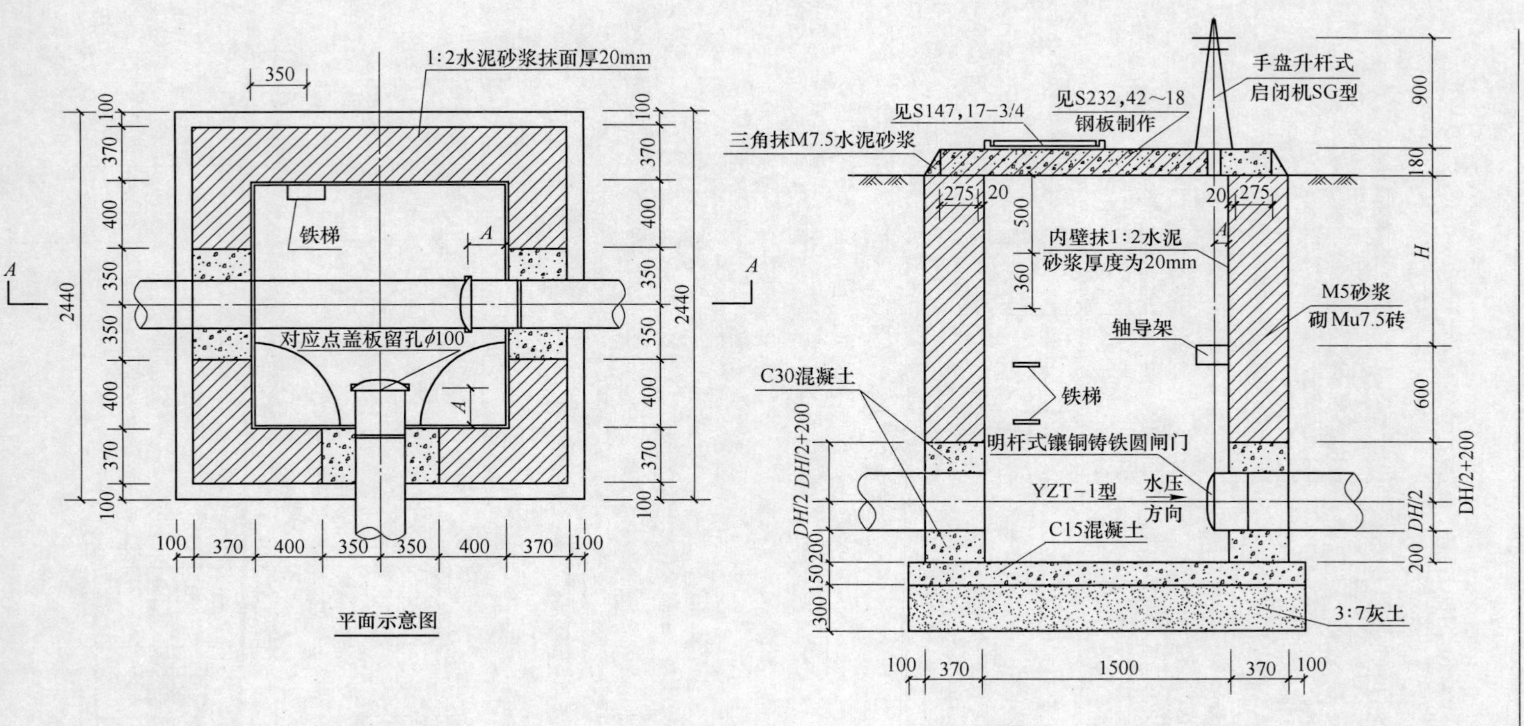

注：1.本图尺寸均以mm计。
2.井外壁以水泥砂浆掺防水粉抹面，高于地下水位，具体要求参见相关规定。
3.闸门必须按上图所示水压方向安装，门框与井壁间隙应用水泥砂浆封实，不得漏水。
4.启闭机中心与螺杆中心必须在一条直线上，其允许误差不大于1/1000，定位后顶板预埋钢板与启闭机底板固定。
5.启闭机应加注牛油润滑。
6.闸门安装形式为直接于预埋钢板上焊接螺栓。

主要尺寸表

公称直径(DN)	闸门型号	启闭机型号	A
DN300	YZT～1～300	SG32～0.5T	245
DN400	YZT～1～400	SG32～0.5T	245
DN500	YZT～1～500	SG36～1T	249

图 4-15　分流井平、剖面示意图(二)

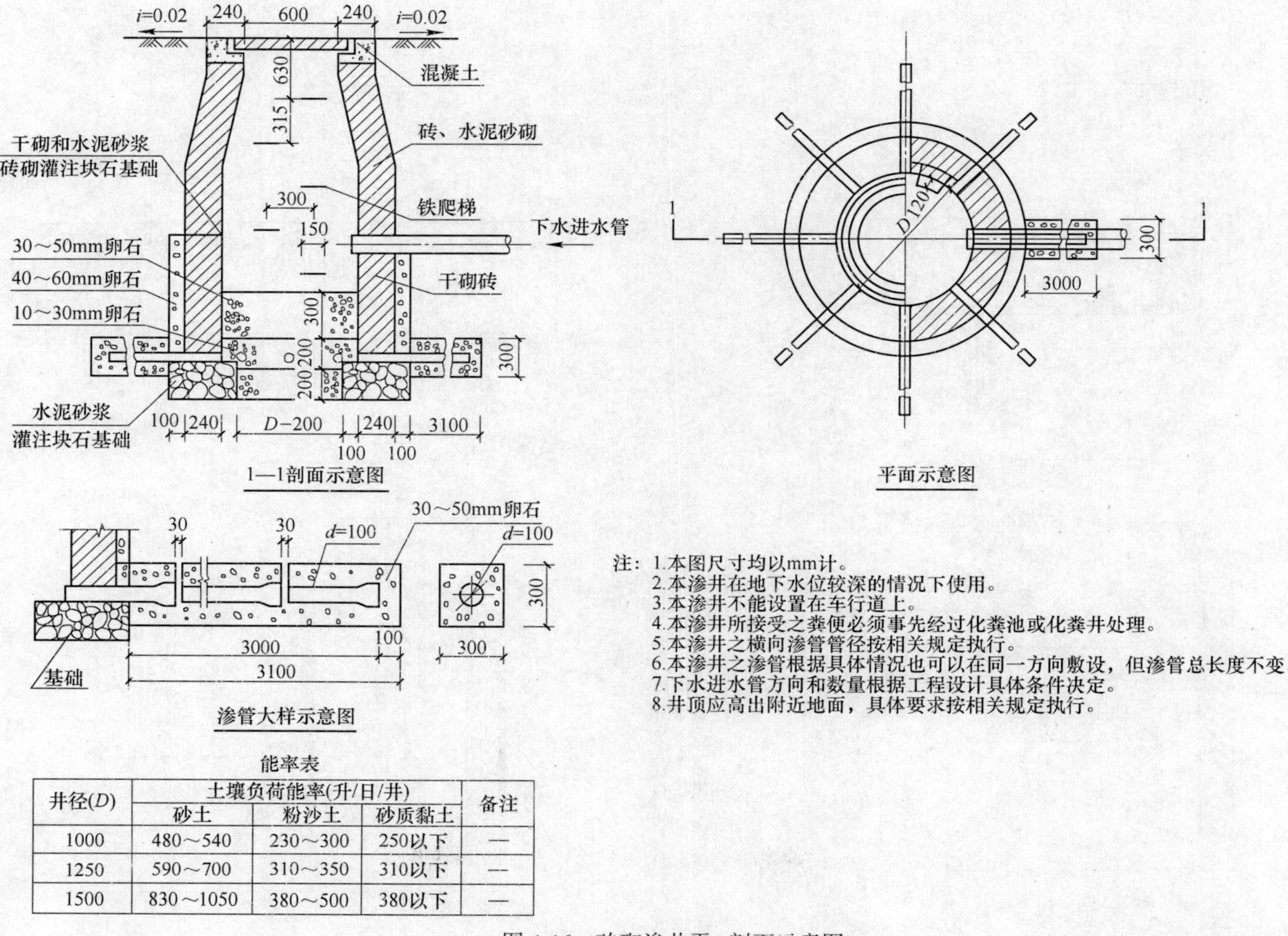

注：1.本图尺寸均以mm计。
2.本渗井在地下水位较深的情况下使用。
3.本渗井不能设置在车行道上。
4.本渗井所接受之粪便必须事先经过化粪池或化粪井处理。
5.本渗井之横向渗管管径按相关规定执行。
6.本渗井之渗管根据具体情况也可以在同一方向敷设，但渗管总长度不变。
7.下水进水管方向和数量根据工程设计具体条件决定。
8.井顶应高出附近地面，具体要求按相关规定执行。

能率表

井径(D)	土壤负荷能率(升/日/井)			备注
	砂土	粉沙土	砂质黏土	
1000	480～540	230～300	250以下	—
1250	590～700	310～350	310以下	—
1500	830～1050	380～500	380以下	—

图 4-16　砖砌渗井平、剖面示意图

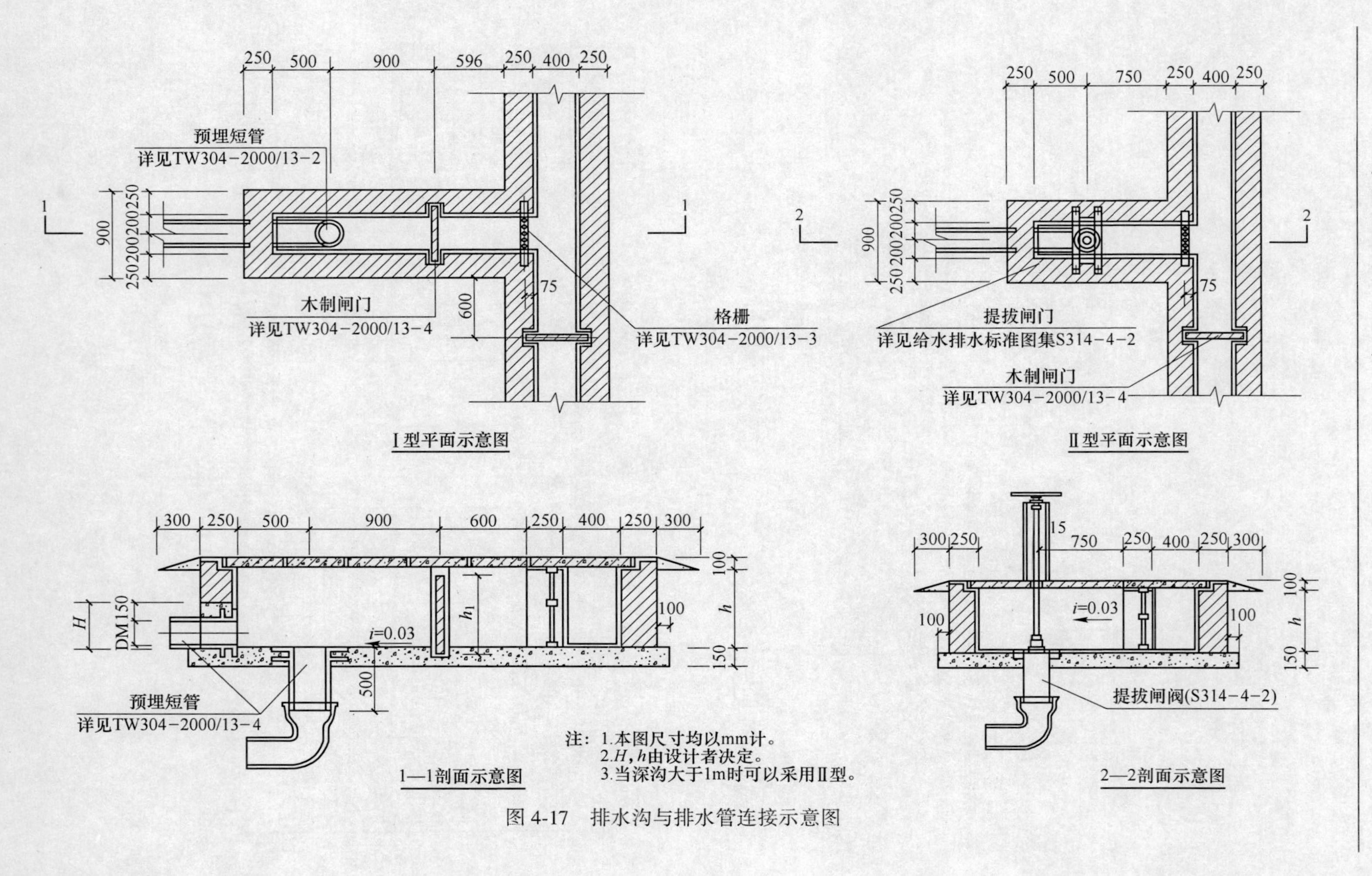

注：1.本图尺寸均以mm计。
2.H，h由设计者决定。
3.当深沟大于1m时可以采用Ⅱ型。

图 4-17 排水沟与排水管连接示意图

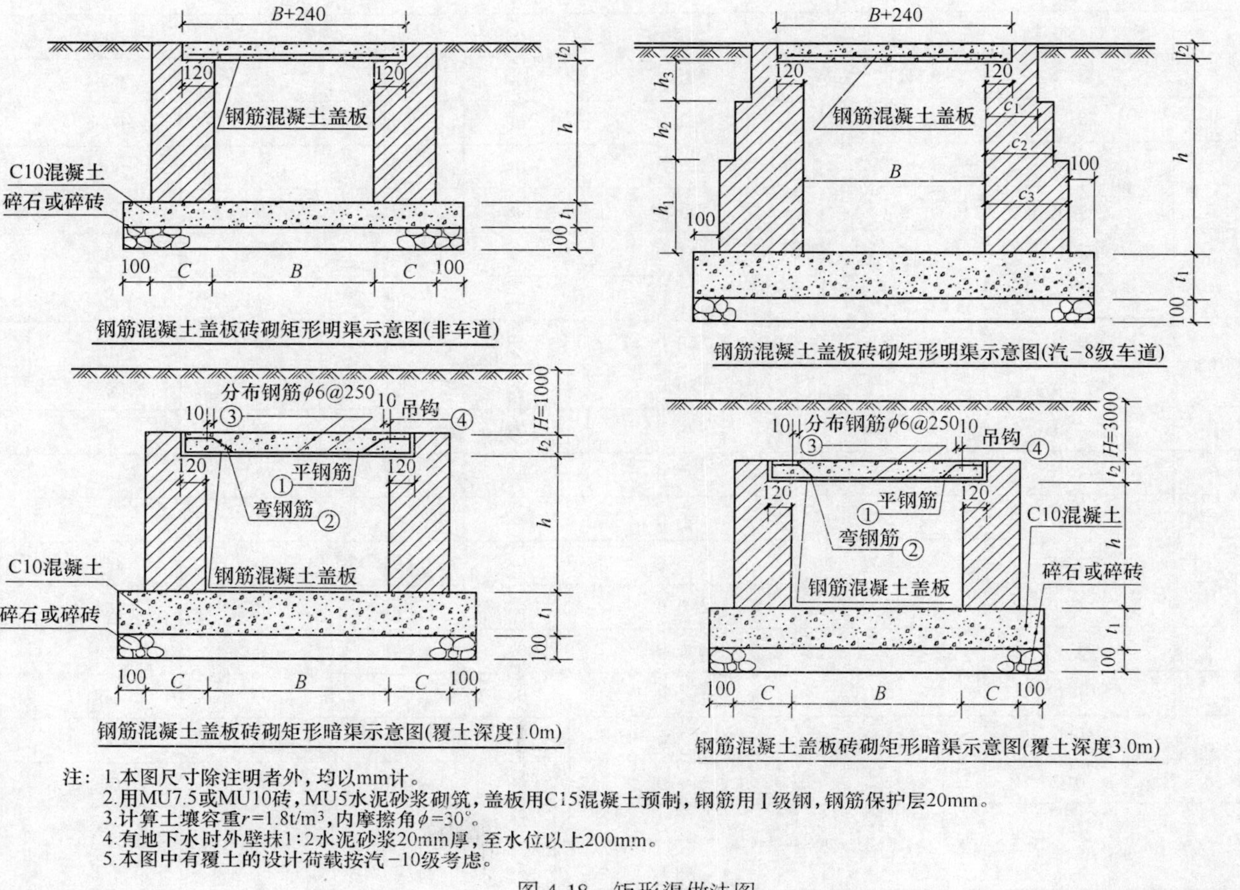

注：1.本图尺寸除注明者外，均以mm计。
2.用MU7.5或MU10砖，MU5水泥砂浆砌筑，盖板用C15混凝土预制，钢筋用Ⅰ级钢，钢筋保护层20mm。
3.计算土壤容重r=1.8t/m^3，内摩擦角ϕ=30°。
4.有地下水时外壁抹1:2水泥砂浆20mm厚，至水位以上200mm。
5.本图中有覆土的设计荷载按汽-10级考虑。

图 4-18 矩形渠做法图

表 4-7 钢筋混凝土盖板砖砌矩形明渠断面尺寸及每米工程量表（非车道）

跨度 B	高度 h	C	t_1	t_2	150 号混凝土盖板/m^3	砖砌体总计/m^3	C10 混凝土/m^3	碎石或碎砖/m^3
300	300	240	100	80	0.043	0.163	0.098	0.098
300	500	240	100	80	0.043	0.259	0.098	0.098
400	400	240	100	80	0.051	0.211	0.108	0.108
400	600	240	100	80	0.051	0.307	0.108	0.108
500	500	240	100	80	0.059	0.259	0.118	0.118
500	700	240	100	80	0.059	0.355	0.118	0.118
600	600	240	100	80	0.067	0.307	0.128	0.128
600	800	240	100	80	0.067	0.403	0.128	0.128
800	800	240	100	80	0.083	0.403	0.148	0.148
800	1000	240	100	80	0.083	0.499	0.148	0.148
1000	1000	240	100	80	0.099	0.499	0.168	0.168
1000	1200	240	120	80	0.099	0.525	0.202	0.168
1200	1200	240	120	80	0.115	0.525	0.226	0.188
1200	1400	370	160	80	0.115	1.076	0.342	0.214
1400	1400	370	160	80	0.131	1.076	0.374	0.234
1400	1600	370	180	80	0.131	1.224	0.422	0.234
1600	1600	370	180	80	0.147	1.224	0.457	0.254
1600	1800	370	200	80	0.147	1.372	0.508	0.254

表 4-8 钢筋混凝土盖板砖砌矩形明渠断面尺寸及每米工程量表（汽-8级车道）

跨度 B	高度 H	C_1	C_2	C_3	h_1	h_2	h_3	t_1	t_2	砖砌体总计/m^3	C10 混凝土/m^3	碎石或碎砖/m^3
300	300	240	—	—	300	—	—	100	100	0.168	0.098	0.098
300	500	370	—	—	500	—	—	100	100	0.420	0.124	0.124
400	400	370	—	—	400	—	—	100	100	0.346	0.134	0.134
400	600	370	—	—	600	—	—	100	100	0.494	0.134	0.134
500	500	370	—	—	500	—	—	100	120	0.430	0.144	0.144
500	700	370	—	—	700	—	—	100	120	0.578	0.144	0.144
600	600	370	—	—	600	—	—	120	120	0.504	0.185	0.154
600	800	370	—	—	800	—	—	120	120	0.652	0.185	0.154
800	800	370	—	—	800	—	—	160	150	0.667	0.278	0.174
800	1000	370	—		1000	—	—	160	150	0.815	0.278	0.174
1000	1000	370	—	—	1000	—	—	200	150	0.815	0.388	0.194
1000	1200	370	490	—	400	800	—	200	150	1.155	0.436	0.194
1200	1200	370	490	—	400	800	—	200	200	1.180	0.476	0.218
1200	1400	370	490		500	900		200	200	1.352	0.476	0.238
1400	1400	370	490	—	500	900	—	250	200	1.352	0.645	0.258
1400	1600	370	490	620	300	400	900	250	200	1.829	0.710	0.284
1600	1600	370	490	620	300	400	900	300	200	1.829	0.918	0.304
1600	1800	370	490	620	400	400	1000	300	200	2.028	0.918	0.304

表 4-9 钢筋混凝土盖板砖砌矩形暗渠断面尺寸及每米工程量表（埋深 $H=1.0$m）

跨度 B	高度 h	C	t_1	t_2	砖砌体总计/m^3	C10 混凝土/m^3	碎石或碎砖/m^3
300	300	240	100	120	0. 173	0. 098	0. 098
300	500	240	100	120	0. 269	0. 098	0. 098
400	400	240	100	120	0. 221	0. 108	0. 108
400	600	240	100	120	0. 317	0. 108	0. 108
500	500	240	120	120	0. 269	0. 142	0. 118
500	700	240	120	120	0. 365	0. 142	0. 118
600	600	240	150	120	0. 317	0. 192	0. 128
600	800	240	150	120	0. 413	0. 192	0. 128
800	800	240	200	120	0. 413	0. 296	0. 148
800	1000	240	200	120	0. 509	0. 296	0. 148
1000	1000	240	250	120	0. 509	0. 420	0. 168
1000	1200	240	250	120	0. 605	0. 420	0. 168
1200	1200	370	300	120	0. 948	0. 642	0. 214
1200	1400	370	300	120	1. 096	0. 642	0. 214
1400	1400	370	350	120	1. 096	0. 820	0. 234
1400	1600	370	350	120	1. 244	0. 820	0. 234
1600	1600	370	400	120	1. 244	1. 016	0. 234
1600	1800	370	400	120	1. 392	1. 016	0. 234

表 4-10 钢筋混凝土盖板砖砌矩形暗渠断面尺寸及每米工程量表（埋深 $H=3.0$m）

跨度 B	高度 h	C	t_1	t_2	砖砌体总计/m^3	C10 混凝土/m^3	碎石或碎砖/m^3
300	300	240	100	150	0.180	0.098	0.098
300	500	240	100	150	0.276	0.098	0.098
400	400	240	100	150	0.228	0.108	0.108
400	600	240	100	150	0.324	0.108	0.108
500	500	240	120	150	0.276	0.177	0.118
500	700	240	120	150	0.372	0.177	0.118
600	600	240	150	150	0.324	0.256	0.128
600	800	240	150	150	0.420	0.256	0.128
800	800	240	200	150	0.420	0.327	0.148
800	1000	240	200	150	0.516	0.327	0.148
1000	1000	240	250	150	0.516	0.420	0.168
1000	1200	240	250	150	0.612	0.420	0.168
1200	1200	370	300	150	0.963	0.642	0.214
1200	1400	370	300	150	1.111	0.642	0.214
1400	1400	370	350	150	1.111	0.819	0.234
1400	1600	370	350	150	1.259	0.819	0.234
1600	1600	370	400	150	1.259	1.018	0.254
1600	1800	370	400	150	1.407	1.018	0.254

5　垃圾处理工程安全设计

5.1　垃圾分类工程

5.1.1　概念内涵

垃圾分类（garbage classification），一般是指按一定规定或标准将垃圾分类储存、分类投放和分类搬运，从而转变成公共资源的一系列活动的总称。分类的目的是提高垃圾的资源价值和经济价值，力求物尽其用。垃圾在分类储存阶段属于公众的私有品，垃圾经公众分类投放后成为公众所在村镇或社区的区域性准公共资源，垃圾分类搬运到垃圾集中点或转运站后成为没有排除性的公共资源。从国内外各城市对生活垃圾分类的方法来看，大致都是根据垃圾的成分、产生量，结合本地垃圾的资源利用和处理方式来进行分类的。进行垃圾分类收集可以减少垃圾处理量和处理设备，降低处理成本，减少土地资源的消耗，具有社会、经济、生态等几方面的效益。

5.1.2　规范标准

5.1.2.1　当前我国村镇垃圾处理主要遵循的规范

(1)《村庄整治技术规范》(GB 50545)。

(2)《城市生活垃圾分类及其评价标准》(CJJ/T 102)。

(3)《农村生活污染控制技术规范》(HJ 574)。

(4)《农村生活垃圾处理技术规范》(DB64/T 701)。

(5)《农村生活垃圾处理导则》(GB/T 37066)。

(6)《城镇生活垃圾分类标准》(DB33/T 1166) 等。

5.1.2.2　具体垃圾分类要求

(1) 在《村庄整治技术规范》(GB 50545) 中对垃圾分类处理做出了规定。村镇社区生活垃圾分为以下几类：

1) 废品类，包括可出售的纸类、金属、塑料、玻璃等。

2) 渣土、砖瓦等惰性垃圾，主要包括煤灰、砖、瓦、石、土、陶瓷等。

3) 可腐烂垃圾，主要包括剩饭剩菜、蛋壳果皮、菜帮菜叶，以及落叶、草、粪便等。

4）家庭有害垃圾，主要包括废电池、废日光灯管、废水银温度计、过期药品等。

5）前四类生活垃圾单独收集后的剩余垃圾作为其他垃圾，主要包括各类包装废弃物、废塑料以及其他日用品消费后产生的垃圾。

其中，废品类垃圾又称可回收垃圾，废品类垃圾单独收集后一般进入再生资源回收体系进行回收利用。目前，废品回收种类以及价格受市场影响比较大，村镇社区居民可将废品积攒到定量后出售给废品收购者。虽然废品类垃圾和家庭有害垃圾并不是每天都产生，产生量也比较低，但是对生态卫生环境的危害性还是不容忽视，因此，建立这些有害垃圾单独收集系统既十分必要，也十分有意义。

其余垃圾应尽可能地集中处理。集中处理建设卫生填埋场应符合现行国家标准《生活垃圾填埋污染控制标准》(GB 16889）和相关标准的规定；集中处理建设垃圾焚烧厂应符合现行国家标准《生活垃圾焚烧污染控制标准》(GB 18485）和相关标准的规定。

(2）《城市生活垃圾分类及其评价标准》(CJJ/T 102）将生活垃圾分为可回收物、大件垃圾、可堆积垃圾、可燃垃圾、有害垃圾、其他垃圾。其中规定，垃圾分类应根据城市环境专业规划的要求，结合地区垃圾的特性和处理方式选择垃圾分类方法。

1）采用焚烧处理垃圾的区域，宜按可回收物、可燃垃圾、有害垃圾、大件垃圾和其他垃圾进行分类。采用卫生填埋处理垃圾的区域，宜按可回收物、有害垃圾、大件垃圾和其他垃圾进行分类。采用堆肥处理垃圾的区域，宜按可回收物、可堆肥垃圾、有害垃圾、大件垃圾和其他垃圾进行分类。对于已分类的垃圾，应分类投放、分类收集、分类运输、分类处理。

2）垃圾分类应按国家现行标准《城市环境卫生设施设置标准》(CJJ 27）的要求设置垃圾分类收集容器。

3）垃圾分类收集容器应提高适用性，与材料环境协调；容器表面应有明显标志，标志应符合现行国家标准《城市生活垃圾分类标志》(GB/T19095）的规定。

4）分类垃圾收集作业应在本地区环卫作业规范要求的时间内完成。分类垃圾的收集频率，根据分类垃圾的性质和排放量确定。大件垃圾应按指定地点投放，定时消运，或预约收集消运。有害垃圾的收集、清运和处理，应遵守城市环境保护主管部门的规定。

(3）《农村基础设施技术规范》(DBJ61T 76）中提出：

1）收集设施的设置应便于废物的分类收集，并有明显标识。

2）收集设施的间距应符合：在新型农村中心地段 50~100m，社区级道路、组团级道路 100~200m，宅间路 20~30m。

3）村镇社区垃圾收集中转站应符合县（区）、市的相关规划，垃圾中转站的服务半径不宜小于 800m。

4）垃圾中转站的设备配置应根据其规模、垃圾车厢容积及日运输车次进行确定，建筑面积不应少于 60m^2。

5）垃圾临时转运点距离居民住地不应小于 300m，场地周围应设置不低于 25m 的防护围栏和污水排放渠道；垃圾中转站前的场地布置应满足垃圾收集车、垃圾运输车通行方便和安全作业的要求；其建筑风格和外部装饰应与周围的居民住宅、公共建筑物及环境相协调，垃圾中转站周围应设置不小于 5m 宽的绿化带；垃圾中转站应有防尘、防污染扩散及污水处置等设施；垃圾中转站内场地应整洁，勿洒落垃圾和堆积杂物，勿积留污水。

6）生活垃圾宜按照下列分类方式推行分类收集，单独存放，循环利用。可再生利用的垃圾：主要包括废纸、塑料、玻璃、金属和布料五大类；有机垃圾：主要包括剩菜剩饭、骨头、菜根菜叶、果皮等食品类废物，经生物技术就地处理堆肥；建筑类垃圾：如砖瓦陶瓷、渣土、灰土等；有毒性垃圾包括废电池、废日光灯管、废水银温度计、过期药品等，这些垃圾需要特殊安全处理；其他垃圾：包括除上述几类垃圾之外的卫生间废纸等难以回收的废弃物，采取卫生填埋可有效减少对地下水、地表水、土壤及空气的污染。

7）村镇社区垃圾分类是在农村垃圾的产生源头农户内，将垃圾分为易腐垃圾、其他垃圾两类，实现生活垃圾的源头减量化的分类方式，村镇社区垃圾分类采取农户内分类和村庄分类相结合的方式：按每户 2 个分类垃圾桶的标准配置，垃圾桶容量以 6~8L 为宜；并在各村人口密集处，根据实际条件设置垃圾分类处置池；对于临近的农户，于村庄公共场所、街道等处设立公用垃圾池，服务农户数量 10 户左右，服务半径 50~100m，容积以 300~500L 为宜；垃圾分类处理池宜设在离村民住宅 300m 以外的村头地边。易腐蚀垃圾指厨房产生的剩饭剩菜、菜梗菜叶、动物骨骼内脏、叶渣、果壳瓜皮、盆景、废弃食用油等。

8）混合垃圾收集点可根据实际需要设置，垃圾收集点的服务半径为 50~80m，不宜超过 100m 或一般不少于 30 户设置一个固定的垃圾收集点，收集的频率一般可选择每周 1~2 次；混合垃圾收集运输宜采用专业公司，集中运输，集中处理，不具备条件的村庄可根据实际需要选择运输方式；混合垃圾可根据需要设置垃圾桶、垃圾箱及垃圾收集屋等多种形式的收集设施，收集设施宜防雨、防渗、防漏，以形成密闭式垃圾收集点，避免污染周围环境；市场、车站及其他产生生活垃圾较多的场所附近应单独设置垃圾收集点。

（4）《城镇生活垃圾分类标准》（DB33/T 1166）中要求生活垃圾分类应做到科学规划、合理布局，利用信息化手段提高垃圾分类的效率，发挥市场作用，形成有效的激励约束机制。生活垃圾分类应综合考虑各地自然条件、发展水平、生活习惯、垃圾成分以及回收利用废弃物的能力等方面实际情况，因地制宜地推进。应以“可回收物、有害垃圾、易腐垃圾、其他垃圾”为生活垃圾分类基本类型，确保可回收物、有害垃圾单独投放。其中：

1）可回收物是指未污染的、适宜回收的、可资源化利用的生活垃圾。

2）有害垃圾是指含有害物质，需要特殊安全处理的生活垃圾。

3）易腐垃圾是指易腐烂的、含有机质的生活垃圾，包括居民日常生活产生的厨余垃圾、餐饮场所产生的餐厨垃圾和农贸市场产生的生鲜垃圾。

4）厨余垃圾是指居民家庭日常生活过程中产生的菜叶、瓜果皮壳、剩菜剩饭和废弃食物等易腐性垃圾。

5）餐厨垃圾是指相关企业和公共机构在食品加工、饮食服务、单位供餐等活动中产生的食物残渣、食品加工废料和废弃食用油脂等。

6）其他垃圾是除可回收物、有害垃圾、易腐垃圾以外的生活垃圾。

7）大件垃圾是指质量超过 5kg、体积超过 0.2m^3，或长度超过 1m 且整体性较强，需要拆解后利用或处理的废弃物。

8）园林垃圾是指园林植物自然凋落或人工修剪所产生的植物残体。

9）装修垃圾是指房屋装修过程中产生的固体弃料或废弃物。

城镇垃圾处理及卫生环境整治时，生活垃圾分类收集设施应同步规划、同步建设、同期交付。生活垃圾分类收集设施的数量、规格和间距应根据垃圾产生量和收运频率确定，生活垃圾分类收集容器应外观整洁、标志规范、密闭性好，并具有阻燃性、抗老化性、封闭性、耐酸碱腐蚀性和耐温性等性能。生活垃圾分类投放管理责任人应定时将垃圾集中至指定的集中安置点。生活垃圾分类收集容器应摆放统一，标志醒目，便于居民投放和运输单位收运。应根据垃圾产生规模、垃圾种类和收集方式等因素，合理设置垃圾投放点。垃圾投放点及收集容器应与垃圾分类收集方式相适应，并满足收集需求。投放点内的垃圾收集容器可采用 240L 或 120L 的分类垃圾桶；居民区的可回收物和有害垃圾收集容器宜采用箱式收集容器，且垃圾投放点的位置应固定，并应考虑投放、收集方便等因素。

（5）浙江省工程建设标准《城镇生活垃圾分类标准》(DB33/T 1166) 中对垃圾分类做了规定，如表 5-1 所示。

表 5-1 垃圾分类表

序号	垃圾类别	内容
1	可回收物	(1) 纸类：报纸、传单、杂志、旧书、纸板箱及其他未受污染的纸制品等； (2) 塑料类：容器塑料和包装塑料等； (3) 玻璃类：玻璃瓶罐、平板玻璃及其他玻璃制品； (4) 金属类：铁、铜、铝等金属制品； (5) 纺织类：旧纺织衣物、鞋帽和纺织制品等； (6) 废弃电子产品； (7) 废纸塑铝复合包装

续表5-1

序号	垃圾类别	内　容
2	有害垃圾	（1）废电池类：镉镍电池、氧化汞电池、铅蓄电池等； （2）废旧灯管灯泡类：日光灯管、节能灯等； （3）家用化学品类：废药品及其包装物，废油漆、溶剂及其包装物，废杀虫剂、消毒剂及其包装物等； （4）其他：废胶片、废相纸、废旧水银温度计、废血压计等
3	易腐垃圾	（1）餐厨垃圾类：从事餐饮服务、集体供餐等活动的单位在生产经营中产生的米和面粉类食物残余、蔬菜、动植物油、肉骨等； （2）厨余垃圾类：居民在日常生活中产生的树枝花草、腐肉、肉碎骨、蛋壳等； （3）生鲜垃圾类：农贸市场产生的蔬菜瓜果垃圾、畜禽类动物内脏等
4	其他垃圾	垃圾分类中，除上述三种垃圾以外的所有垃圾。如： （1）受污染与不宜再生利用的纸张：卫生纸、湿巾纸等其他受污染的纸类物质； （2）不宜再生利用的生活物品：受污染的一次性用具、保鲜袋、妇女卫生用品、尿不湿、受污染织物等其他难回收利用物品； （3）灰土陶瓷：灰土、陶瓷及其他难以归类的物品

对于公共场所应设置可回收物和其他垃圾投放点，投放点宜设置在道路交叉口、公交车站、休息区等区域，不宜过密，具体设置宜符合下列规定：

1）商业、金融业街道宜每 100m 设置一个。

2）主干道、次道、有辅道的快速路宜每 200m 设置一个。

3）支路、有人行道的快速路宜每 400m 设置一个。

5.1.3　工艺要点

村镇社区垃圾分类工程工作的开展应符合因地制宜、合理布局的要求。以乡镇（街道）为单位，制定符合各村实际、切实可行的生活垃圾分类减量化资源化处理工作实施计划。因地制宜确定生活垃圾处理终端设施的布点、规模、处置区域，科学选择适用的处置模式，合理配备保洁员（分拣员），整体推进垃圾分类和减量化资源化处理试点工作。

垃圾分类工作应突出重点，梯度推进。村镇社区生活垃圾分类和减量化资源化处理可采取一村一建或多村合建等方式，达到“建成一点、辐射一片”的目的；在安排上，应以特色精品村、中心村、美丽乡村示范村、历史文化村落等为切入口，通过分类投放、分类收集、分类处置等，使日常生活垃圾的收运处置减量明显，社会效益明显。

在村镇社区开展垃圾分类工作应完善制度，确保长效。建立健全村镇社区生活垃圾分类及减量化资源化处理工作长效管理机制，全面落实农村生活垃圾“四分四定”制度，即分类投放、分类收集、分类运输、分类处理和定点投放、定时收集、定车运输、定位处理，并将其纳入村规民约。加强生活垃圾分类宣传和引导，逐步形成生活垃圾自觉分类投放的良好意识，从源头上把好分类关。对于村镇社区公共卫生工程的工艺要点主要包括以下三个方面：

（1）农户内垃圾桶设置：

1）农户内设置垃圾桶按颜色区分，并配“易腐垃圾”“其他垃圾”标识，垃圾桶宜采用聚氯乙烯（PVC）材质，且卫生指标符合 GB 4803 标准。采用 15 丝厚度且防紫外线油墨印制，印刷精度不小于 720dpi，表面光滑、端正、平整、无毛刺、褶皱、破损，表面洁净，无污渍杂质；印刷文字图案清晰、准确，无错印、漏印，无油墨污染，图文烫印完整清晰、牢固、平实，无虚烫、糊版、脏版和砂眼；上光涂层涂布基本均匀、光亮度一致、光泽好，无条纹、起皱现象，压光表面光亮度一致，光泽度高。垃圾桶彩页分类说明的图案标识可参考图 5-1。

图 5-1 垃圾桶彩页分类说明的图案标识

2）在进行垃圾分类处置池的施工时，水泥可用普通硅酸盐袋装水泥，运到施工现场时必须有出场合格证和出场质量验收单。砂浆有良好的和易性、保水性和水的透水性，稠度一般为 4~6cm；砂浆采用当地机砂，砂料质地坚硬，清洁和级配良好，最大颗粒不超过 5mm，平均粒径不小于 0.25mm。砂的含泥量不超过 5%。如采用当地石料，应采用坚硬、密实，无风化无裂缝，无粘附物质，清洁的石料，其强度需满足设计要求施工工艺与要点，垃圾分类处置池底部应平整，水泥浇筑，预留排水孔并保证一定坡度。

（2）垃圾分类处置池投放垃圾种类可喷绘标识。垃圾分类处置池池底基坑表面需进行防渗处理；垃圾分类处置池底板及墙板裂缝需进行防水、防腐处理；垃圾分类处置池内应设通向污水窨井的排水沟或管。混凝土施工时，应防止模板移位。垃圾分类处置池规格尺寸应符合设计要求，保证几何尺寸准确；单池容积一般小于 $3m^3$，钢筋严格按照钢筋配料单加工；确定弯曲调整值、弯钩增加长度、箍筋调整值等参数，保证下料长度准确。水泥、砂石的用量及配料比应符合设计要求。垃圾分类处置池应满足《混凝土结构工程施工质量验收规范》（GB50204）的要求。医疗废弃物和其他特种垃圾必须单独存放。尤其是对于有害垃圾的垃圾桶应做出以下技术要求：有害垃圾桶由桶体、玻璃钢内胆（规格：320mm×340mm×500mm，壁厚≥1.5mm）组成，采用 SUS304 不锈钢或以上材质，表面工艺为拉丝银，所有材料、配件都应满足防锈防腐蚀；箱体文字、图案等内容由学校指定；文字图案应蚀刻填色和丝网印刷；文字图案应鲜亮、醒目，不易掉色脱落，图案示例如图 5-2 所示。

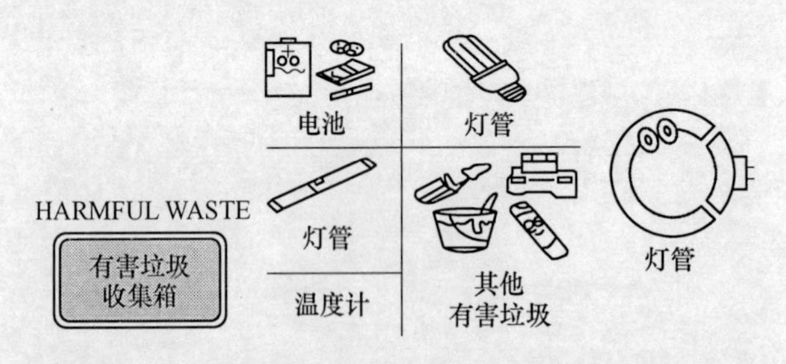

图 5-2　有害垃圾桶图案标识示例

（3）垃圾分类处置池密闭并具有便于识别的标志。垃圾分类标志根据识读距离和设施体积确定标志尺寸，应保持标志的清晰和完整。以自然村为单位按村级保洁范围、保洁工作要求和标准、保洁面积、保洁工作的难易配置合理的保洁员（垃圾分拣员）；保洁员（垃圾分拣员）每天定时统一收集，进行分装运输。在收集过程中，负责对农户垃圾分类质量的指导和监督，确保易烂垃圾和其他垃圾严格分类；建立“村、片、组、户”联查为内容的网格化管理制度；每村为 1 个网格单元，村主要负责人为总负责人，1 个网格单元划分为若干区块，每个区块下设若干网格小组，每个网格小组由 1~2 个村民小组或若干个村民组成。

5.1.4　流程图解

固体废弃物是指人类在生产、消费、生活和其他活动中产生的固态、半固态废弃物质（国外的定义则更加广泛，动物活动产生的废弃物也属于此类），通俗地说，就是垃圾。主要包括固体颗粒、垃圾、炉渣、污泥、废弃的制品、破损器皿、残次品、动物尸体、变质食品、人畜粪便等。有些国家把废酸、废碱、废油、废有机溶剂等高浓度液体也归为固体废弃物。固体废弃物垃圾又可分为生活垃圾、工业垃圾、医疗垃圾，其分类图解如图5-3所示。

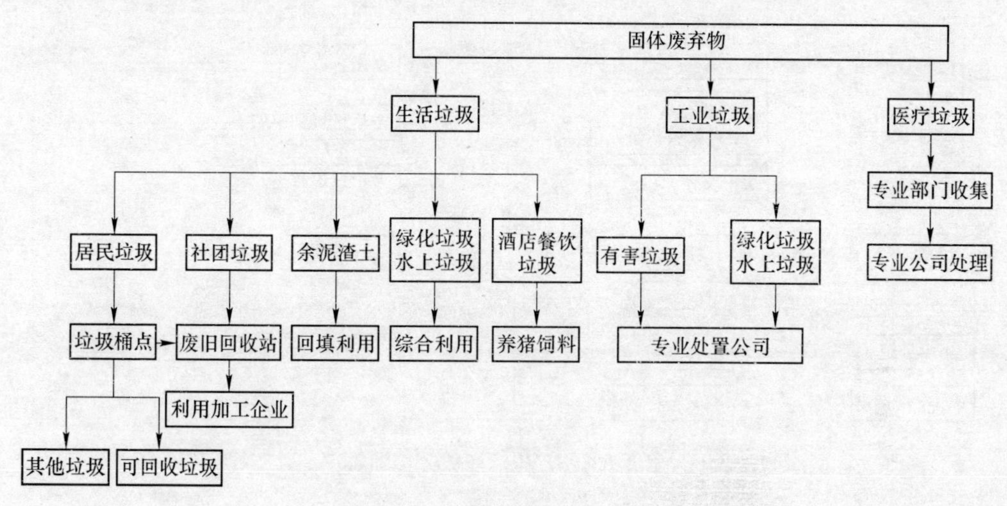

图5-3 固体废弃物垃圾分类图解

每年全国餐厨垃圾占垃圾总数量的49%左右，相当于全国每天产生餐厨垃圾13.4万吨，每年4900万吨。餐厨垃圾是指居民日常生活及食品加工、饮食服务、单位供餐等活动中产生的垃圾，包括丢弃不用的菜叶、剩菜、剩饭、果皮、蛋壳、茶渣、骨头等，其主要来源为家庭厨房、餐厅、饭店、食堂、市场及其他与食品加工有关的行业。餐厨垃圾的分类图解如图5-4所示。

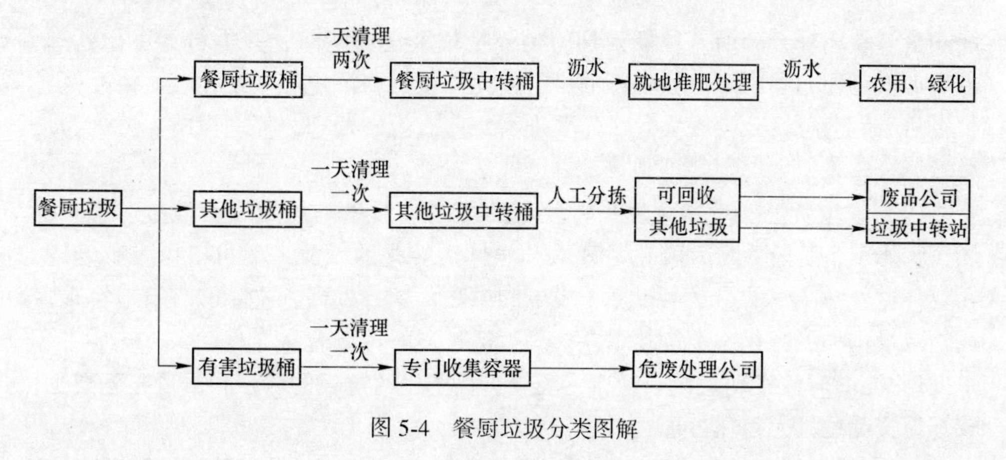

图5-4 餐厨垃圾分类图解

生产垃圾主要包括：生产现场内的生产弃渣、生产人员带入现场的塑料袋

(杯)、一次性饭盒以及塑料泡沫板等白色垃圾；搅拌出料中的弃料；机电修配的含油废棉纱；设备修理废料及工厂产生的废料废渣等。生产垃圾的分类图解如图5-5所示。

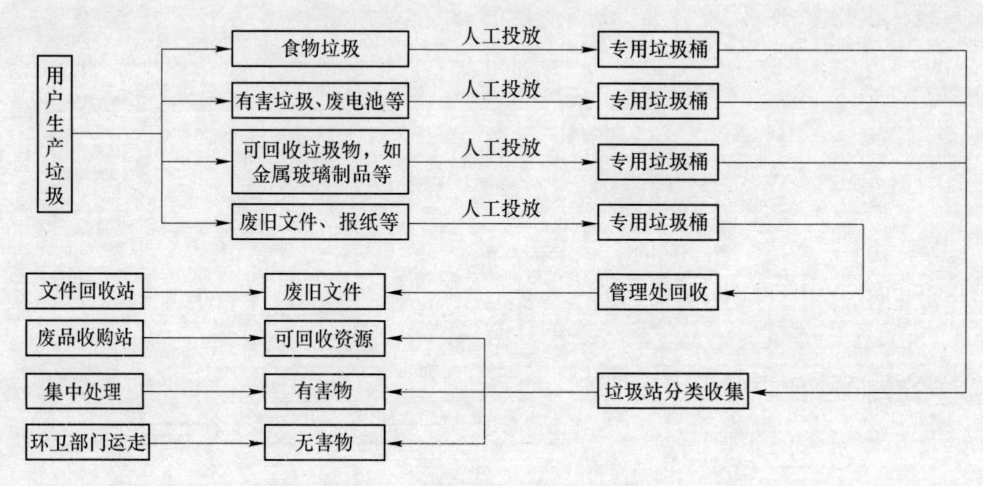

图5-5 用户生产垃圾分类图解

5.2 垃圾处理工程

5.2.1 概念内涵

垃圾是人类日常生活和生产中产生的固体废弃物，由于排出量大，成分复杂多样，且具有污染性、资源性和社会性，需要无害化、资源化、减量化和社会化处理，如不能妥善处理，就会污染环境，影响环境卫生，浪费资源，破坏生产生活安全，破坏社会和谐。垃圾处理就是要把垃圾迅速清除，并进行无害化处理，最后加以合理的利用。垃圾处理的目的是无害化、资源化和减量化。村镇社区各种生活、生产垃圾分类收集后，需要进行经济有效的处理。处理设施主要分为垃圾焚烧、垃圾卫生填埋和堆肥技术等方式。

(1) 垃圾焚烧。垃圾焚烧是将收集的生活垃圾中的可燃成分经过烘干、引燃、焚烧三个阶段后将其转化为残渣和气体。转化的残渣一般可以做堆肥处理，在焚烧过程中产生的热量可以用于发电和供暖。这一处理方式能够有效地实现垃圾的减量化和无害化。焚烧技术在处理生活垃圾时优点有以下几点：

1）能够有效实现垃圾减量化，焚烧过程中生活垃圾的体积和重量显著减少，较好地实现垃圾无害化处理。

2）生活垃圾中的有害有毒物质在高温下氧化和热解，从而被破坏消除，且焚烧垃圾能产生大量热能，用于发电或供暖，可实现废物利用、绿色环保、节约能源。焚烧技术在实际应用中也受到某些因素的限制。

①垃圾焚烧技术要求处理的垃圾量在一定的范围以上，生活垃圾含水量不能太高，可燃成分应较多，同时生活垃圾的低位热值不低于5000kJ/kg。但实际情况是生活垃圾中成分复杂，稳定性差，不利于焚烧技术的运用。

②焚烧生活垃圾会产生废气，其中不乏有毒有害气体，如若不能进行相应的技术处理，易产生二次污染。因此，焚烧地点选址应远离村民生活区，且尽量避免在农作物附近。

③焚烧技术的设备费用和运行费用较高，需要投入大量的资金。处理设施复杂，技术水平要求较高。

（2）垃圾卫生填埋。垃圾卫生填埋的原理是采取防渗、铺平、压实、覆盖等措施，将生活垃圾埋入地下，经过长期的物理、化学和生活作用使其达到稳定状态，并对气体、蝇虫等进行处理，最终对填埋场封场覆盖，从而将垃圾产生的危害降到最低。垃圾卫生填埋技术工艺简单，管理方便，建设费用和处理成本较低，适合经济发展较为落后、土地资源丰富地区的垃圾处理。当然，在工艺简单方便的同时，该方式也具有一定的局限性。垃圾填埋技术需要占用大量的土地，并且填埋场的建设要求须保证有充分的填埋容量和较长的使用期。因此，在土地资源越来越紧缺的情况下，垃圾填埋选址面临着很多的困难；另外生活垃圾中成分复杂，有毒有害物质一起被填埋，资源化程度较低，并对填埋场周边的环境造成威胁和破坏。

（3）堆肥处理。堆肥技术是在一定的工艺条件下，利用自然界广泛分布的细菌、真菌等微生物对垃圾中的有机物进行发酵、降解，使之变成稳定的有机质，并利用发酵过程中产生的热量处理有害微生物，达到无害化处理的生物化学过程。

当垃圾中有机物含量大于15%时，就可使垃圾达到无害化、减量化的目的。垃圾堆肥处理，可以将其中的易腐有机物转化为土壤容易接受的有机营养土，同时产生一定的堆肥物。这种堆肥物的用途很广，是具有一定肥效的土壤调节剂和改良剂。另外，堆肥处理技术要求的经济投入较少，操作简单易上手，对技术要求比较低，给周围环境造成的污染压力也小。但在堆肥处理技术中，也存在很多问题，主要表现为：堆肥主要是对垃圾中的有机物进行发酵，对不可腐烂的无机物无法处理，对于石块、金属、塑料等物质无法处理，因此堆肥处理之前要对垃圾进行分拣；另外，堆肥处理运作周期长，占地面积大，卫生条件差，而且堆肥处理后产生的堆肥物肥效低，成本高，经济效益差。

5.2.2 规范标准

5.2.2.1 当前我国村镇垃圾分类主要遵循的规范

（1）《农村生活垃圾处理技术规范》（DB64/T 701）。

(2)《农村生活垃圾处理导则》(GB/T 37066)。

(3)《生活垃圾卫生填埋技术规范》(CJJ 17)。

(4)《城市生活垃圾卫生填埋场运行维护技术规程》(CJJ/T 193)。

(5)《生活垃圾卫生填埋场封场技术规程》(CJJ 112)。

(6)《生活垃圾填埋污染控制标准》(GB 16889)。

(7)《生活垃圾填埋场无害化评价标准》(CJJ/T 107) 等。

5.2.2.2 具体垃圾分类要求

(1) 陕西省工程建设标准《农村基础设施技术规范》(DBJ61/T 76) 对垃圾堆肥处理作出了如下规定:

家庭堆肥处理可在庭院里或农田中采用当地材料围成0.5~10m^3左右的空间,用于堆放可生物降解的有机垃圾,堆肥时间不宜少于2个月。在庭院里进行家庭堆肥处理应远离水井20m以上,并用土覆盖,防止污染水源及环境。村庄集中堆肥处理,宜在田间、田头或草地、林地旁,将垃圾堆为长条形,断面为三角形或梯形,堆高在10m左右,端面面积在1.0m^2左右,条堆长度根据场地大小确定,条堆间距以方便翻堆为宜。堆肥的发酵腐熟时间不宜少于2~3个月。

(2) 在《村庄整治技术规范》(GB 50545) 中,从一般处理、资源化利用、垃圾集中处理与应用、非正规垃圾堆放点治理等方面对垃圾处理作出了规定:

1) 生活垃圾回收利用。生活垃圾尽可能进行回收利用,其最有效的途径就是尽可能对垃圾进行源头分类。废品可以进行材料回收利用,可腐烂垃圾可以生产肥料。通过生活垃圾源头分类收集,不仅可直接回收大量废旧原料,实现垃圾减量化,而且可以减少垃圾运输费用,降低生活垃圾集中处理成本。

2) 生活垃圾的运输。生活垃圾收集、运输与处理应该在县级范围内统筹规划。小规模的生活垃圾卫生填埋处理以及焚烧处理面临污染控制管理难、成本费用高等局限性,因此,生活垃圾处理需要尽可能地推行集中处理,暂时不具备条件进行集中处理的地方可选择就近填埋处理。

3) 生活垃圾焚烧与倾倒。生活垃圾露天焚烧会产生大量有害物质,污染大气;简易焚烧炉包括没有有效烟气处理设施的小型焚烧生活垃圾焚烧炉和露天焚烧生活垃圾一样,也会产生大量有害物质如致癌物二噁英,污染大气。禁止生活垃圾露天焚烧、不得采用没有烟气处理的简易焚烧设施就是为了保护环境。生活垃圾倾倒到河、湖、池塘等水域环境以及堆放在沟、坑、塘、田中会造成水环境污染和土壤污染,禁止向环境中随意倾倒和堆放生活垃圾是保护环境的基本要求。

(3) 垃圾就地资源化利用。

1) 可腐烂垃圾生物降解。可腐烂垃圾又称可生物降解有机垃圾,俗称厨余垃圾、餐厨垃圾、易腐烂垃圾、可堆肥垃圾等。可腐烂垃圾在日常生活垃圾中占比较大,可腐烂垃圾单独收集后容易实现就地资源化利用。可腐烂垃圾主要来源很多,主要有日常家庭生活的厨余垃圾，包括果皮、菜叶、蛋壳、剩饭剩菜等；乡村农家乐、餐饮店等供餐单位产生的餐厨垃圾；村庄集市、村庄超市产生的蔬菜瓜果垃圾、畜禽产品剩余废弃物等有机垃圾；农林作物剩余物、枯枝烂叶、畜禽粪便等。

2）垃圾就地资源化处理。村庄附近有足够的农田、林地，可腐烂垃圾堆肥就地转化为肥料可以就地资源化利用。可腐烂垃圾堆肥技术工艺主要有两类：即好氧堆肥处理工艺和厌氧消化处理。工艺好氧堆肥是利用好氧微生物如细菌、真菌、酵母菌和放线菌分解有机物，使其变成一种具有良好稳定性的腐殖土状物质的全部过程。厌氧消化应用的三个主要温度范围是：常温 20~25℃，中温 30~40℃和高温 50~60℃。我国大规模的沼气建设已经有几十年的历史，广大农村地区使用的各种沼气技术就属于厌氧消化处理。

3）家庭堆肥处理。家庭堆肥处理可在庭院里或农田中采用木条等材料围成 $1m^3$ 左右的空间，用于堆放可腐烂的有机垃圾，家庭堆肥围护材料应选用当地材料（如木条、钢筋或其他材料），堆放形式可参照图 5-6、图 5-7；堆肥时间一般 2~3 个月以上；在庭院里进行家庭堆肥处理需要远离水井，并用土覆盖。与集中、大规模的堆肥系统相比，家庭堆肥具有费用低和实现源头减量化等优点。

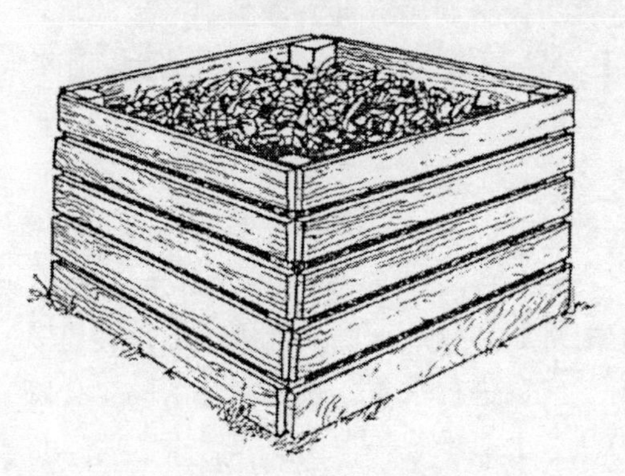

图 5-6 采用木板制作的家庭堆肥装置

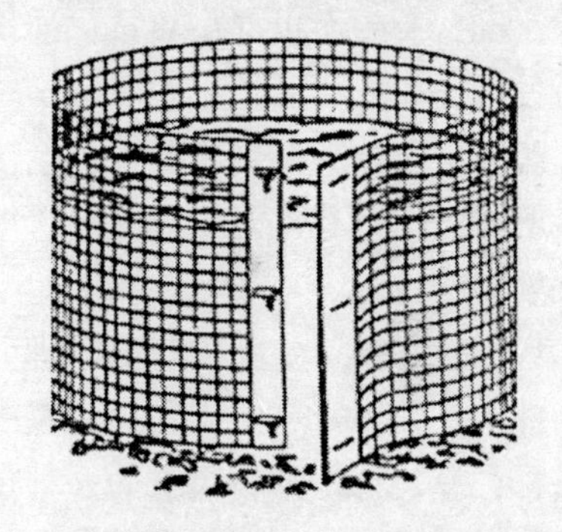

图 5-7 采用钢筋铁丝制作家庭堆肥装置

5.2.3 工艺要点

我国农村各地区经济水平、地理环境、地方政策等普遍存在差异，垃圾管理方面也表现出不同的特点，主要包括乡镇政府管理、保洁公司管理、个人承包管理和村领导管理 4 种模式，主要是以村领导管理为主，以乡镇政府辅助管理为辅，另外两种方式并不常见。其中村领导管理的村庄占比顺序大致为东北地区>西部地区>中部地区=东部地区，乡镇及以上政府管理的村庄占比顺序为东部地区>中部地区>西部地区>东北地区。

当前我国村镇社区垃圾处理流程如下：

首先，对垃圾进行分类，将垃圾分为可回收垃圾、不可回收垃圾、有机垃圾、易腐垃圾等；其次，对垃圾进行填埋、堆肥和垃圾发酵和焚烧等相关技术处理，具体操作工艺包括填埋、堆肥、焚烧。

5.2.3.1 填埋

对生活垃圾进行简单的消毒，然后将垃圾转移到提前准备好的大坑中，利用防渗手段防止垃圾渗透液污染地下水，最后将垃圾压平覆盖，使其在无氧的环境下，在物理、化学、生物等多种因素作用下，进行分解处理。

垃圾卫生填埋的施工要点：垃圾卫生填埋技术一般采用机械化作业，主要作业机械有环卫型推土机、垃圾压实机、挖掘机、自卸汽车以及装载机、洒水车、喷药车等。

垃圾卫生填埋工艺分为四个过程，即垃圾运输车卸料、推土机推运布料、垃圾压实机碾压、覆盖土层并压实平整。

5.2.3.2 堆肥

其可分为有氧和无氧肥两种，主要是利用微生物的发酵作用。因在微生物发酵过程中会不断散发热量，所以在一些地区居民会利用有机物堆肥中产生的热量制成沼气，一方面可提供热量供居民使用，另一方面还可以得到无害的生物肥料进行使用。

垃圾堆肥技术的施工要点：生活垃圾堆肥技术作为处理有机垃圾的一种不可替代的方法，具有无害化程度高、减量化效果好、能够最大限度实现生活垃圾资源化处理的特点。

堆肥技术按照堆肥的基本原理分为好氧堆肥和厌氧堆肥。好氧堆肥是在有氧的条件下，利用好氧微生物对垃圾中的有机废物进行吸收、氧化和分解的生化降解过程，使其转化为腐殖质的一种技术方法。厌氧堆肥是在无氧条件下，将有机物料分解为甲烷、二氧化碳和许多低分子中间产物的方法。厌氧堆肥技术相较于好氧堆肥技术而言，单位质量的有机质降解产生的能量较少，而且厌氧堆肥通常容易散发臭味，因此好氧堆肥目前应用较为广泛。

5.2.3.3 焚烧

焚烧是一种一劳永逸的方式，具体操作是将固体废弃物放在封闭的焚烧炉中，在高温的条件下将其中的物质进行破坏分解，最终以炉渣和气体的形式出现，这些废渣可以作为废料还田。

垃圾焚烧技术施工要点：生活垃圾焚烧处理技术主要可分为三类，即炉排炉技术、流化床技术及其他焚烧技术（小型立式炉、小型链条炉及热解炉等），主要介绍前两种。

炉排炉焚烧技术是生活垃圾焚烧最适宜的焚烧技术，多用于发达国家。技术特点在于全部焚烧生活垃圾，启动时可以用少量油作为辅助燃料，不掺烧煤，进料垃圾不需要处理，依靠炉排的机械运动实现垃圾的搅动与混合，促进垃圾完全燃烧，不同的炉排生产厂商在炉排的设计上各有特点。焚烧炉内垃圾燃烧稳定且较为安全，飞灰量少，炉渣热酌减率低，技术成熟，设备年运行时间可达8000h以上，垃圾能连续焚烧，不需经常起炉和停炉。

流化床炉主要以国产化技术为主，建设投资相对较低。流化床焚烧炉在运营时可以添加部分煤助燃，对垃圾的适应性较好，具有较好的经济效益。其技术特点有以下几个：需要石英砂作为辅料，需要掺煤才能燃烧垃圾；可混烧多种废物，一般需要有垃圾分选和破碎工序；炉内垃圾处于悬浮硫化状态，为瞬时燃烧，燃烧不完全，对焚烧炉的冲刷和磨损较严重，因此使用年限较短；流化床炉检修相对较多，运行时间较短，通常只有6000多小时，起炉和停炉较为方便。

5.2.4 设施图例

生活垃圾堆肥装置应保证全年连续、稳定运行，并应满足如下要求：严格执行设施工艺运行管理手册，重大工艺调整需符合相关规定；定期对相关设施、设备进行维护管理；计量器具规范，环保措施有效，设施运行可靠，污染物排放达标；垃圾应是可堆肥生活垃圾和其他可堆肥原料，建筑、工业、医疗、危险和放射性等有毒有害废弃物不应进入堆肥设施；垃圾堆放区域应防渗、防腐蚀，并设垃圾渗沥液导排和通风装置；垃圾发酵过程应保证物料均匀，防止出现物料层厚度不等的情况。

（1）废弃物焚烧装置设施。生活垃圾清洁焚烧目的是要减少垃圾体积和危害，避免或减少可能有害物质，利用焚烧能量的方法是基于环境问题的解决方案。生活垃圾清洁焚烧机制是要达到常态化安全、可靠、环保运行，提升基于国策的节能、减排、能效管理。生活垃圾污泥处理的常规技术：以加热干化方法将含污泥水率降到70%左右，再施以焚烧。近年来市面上推出等离子火炬工业废弃物焚烧装置、等离子火炬医疗废弃物焚烧装置、等离子火炬污泥焚烧装置等一系列产品可用于村镇社区废弃物的焚烧处理。

（2）堆肥装置。采用好氧静态发酵时，应符合有关规定；采用翻梁堆肥时，条垛宽度2.0~9.0m，料层高度1.0~2.0m；采用滚筒式堆肥反应器时，筒填充率（筒内废物量/筒容量）≤80%；发酵过程中应对氧气浓度进行测定，各测试点的氧气浓度>12%；发酵过程中，应测定堆体温度变化情况，高温发酵过程堆层各测试点温度应在55℃以上并保持5~7d，最高温度≤75℃；发酵过程中应及时调节物料水分含量，适宜的含水率宜在40%~60%之间。处理堆肥中产生的残余物，应在具有良好通风条件和防止淋雨的设施内存储，并应及时处理垃圾堆肥，如图5-8~图5-11所示。

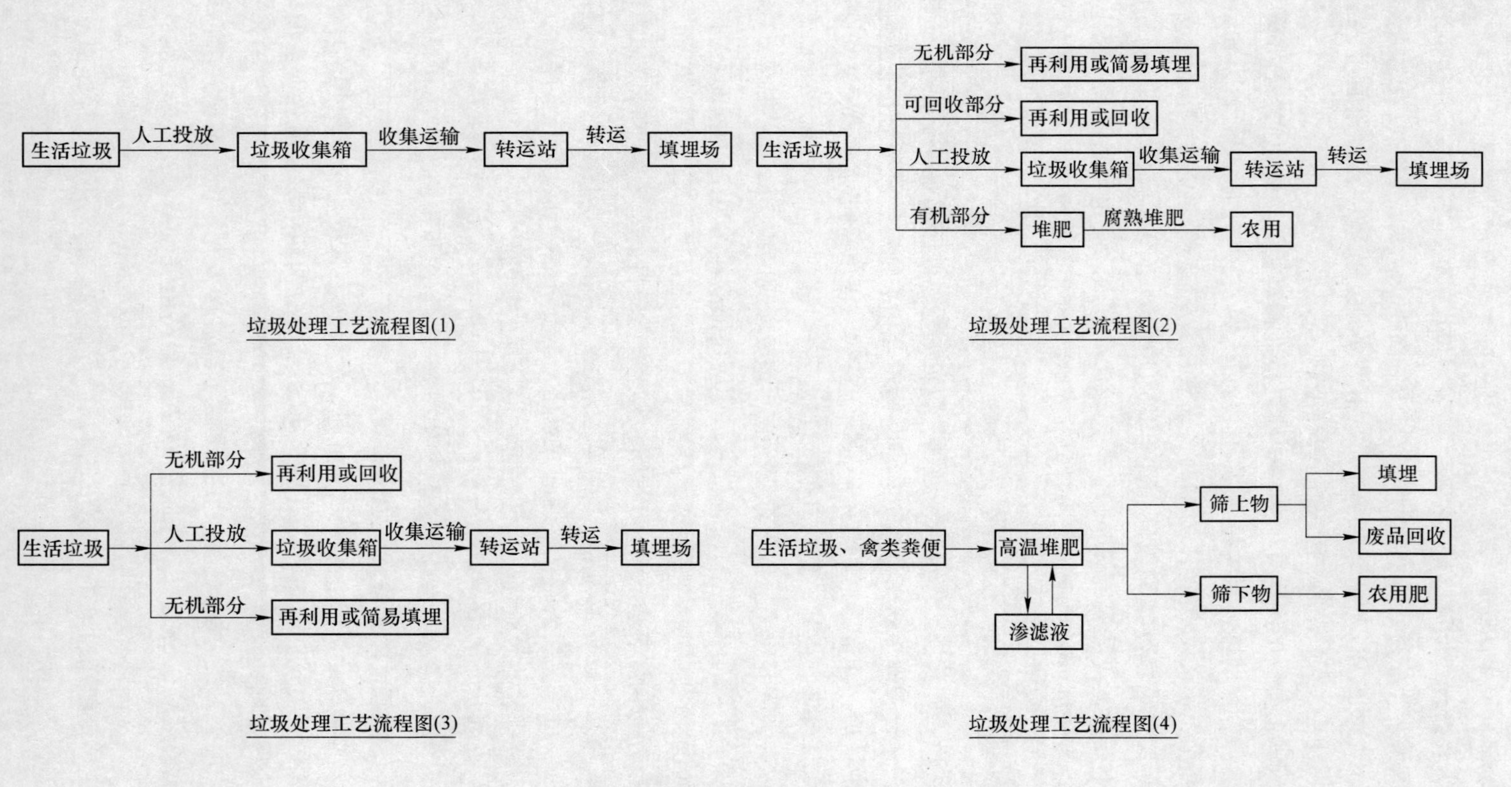

图 5-8 生活垃圾处理工艺流程

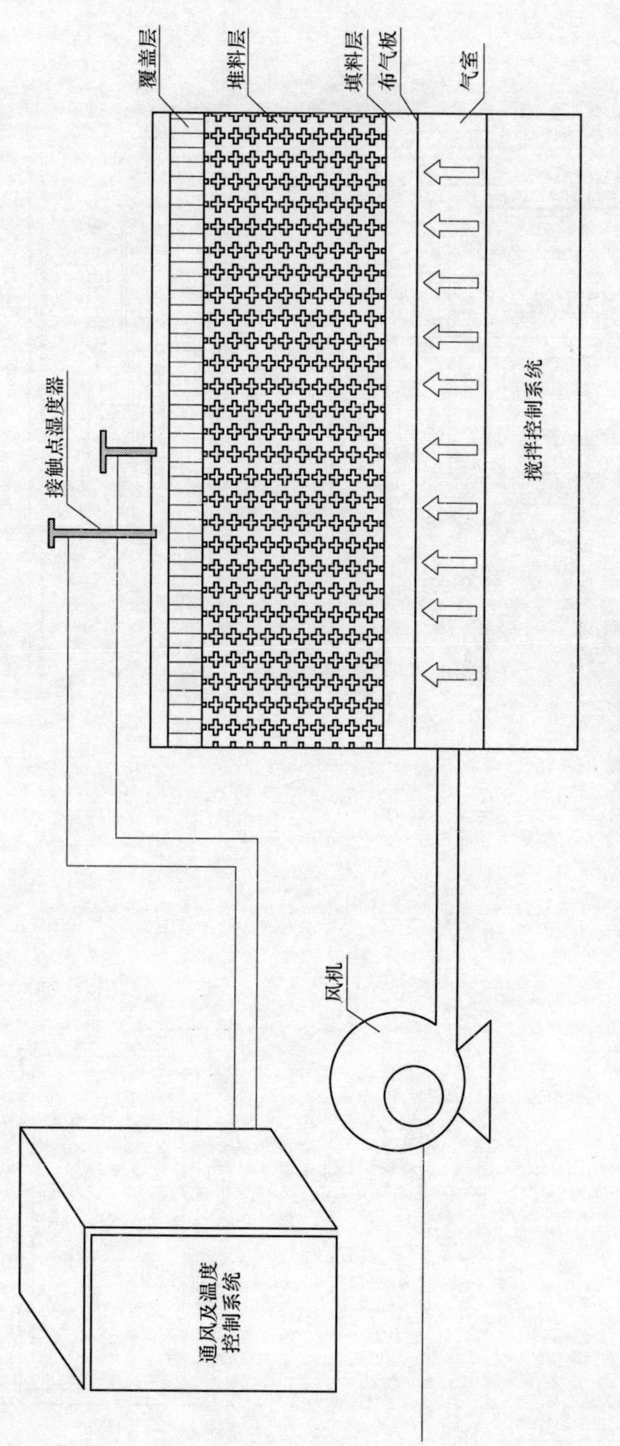

图 5-9 简易堆肥装置示意图(一)

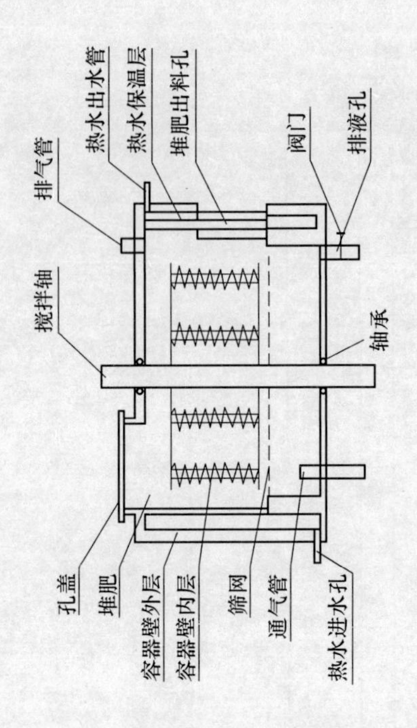

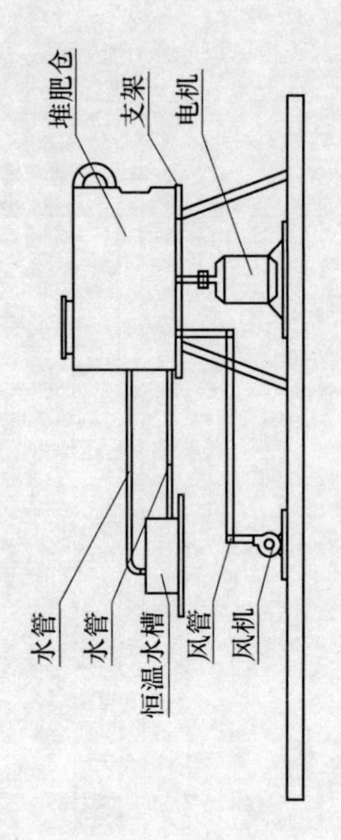

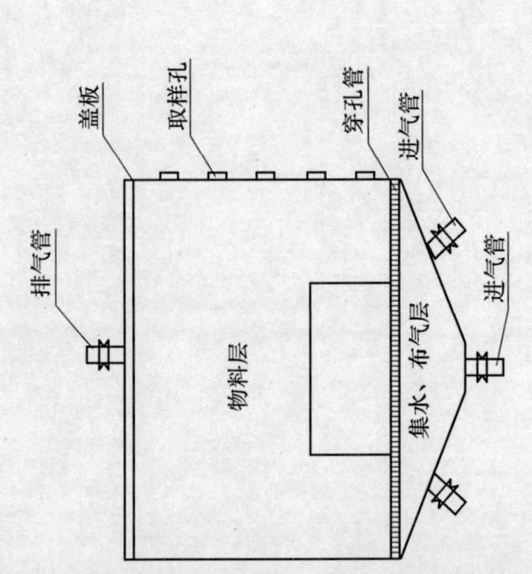

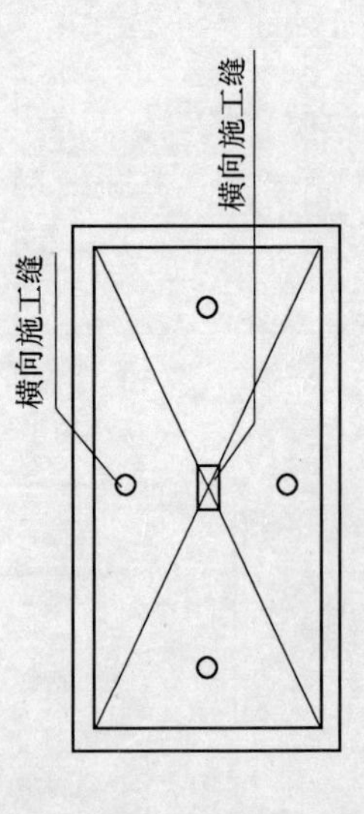

图 5-10 简易堆肥装置示意图(二)

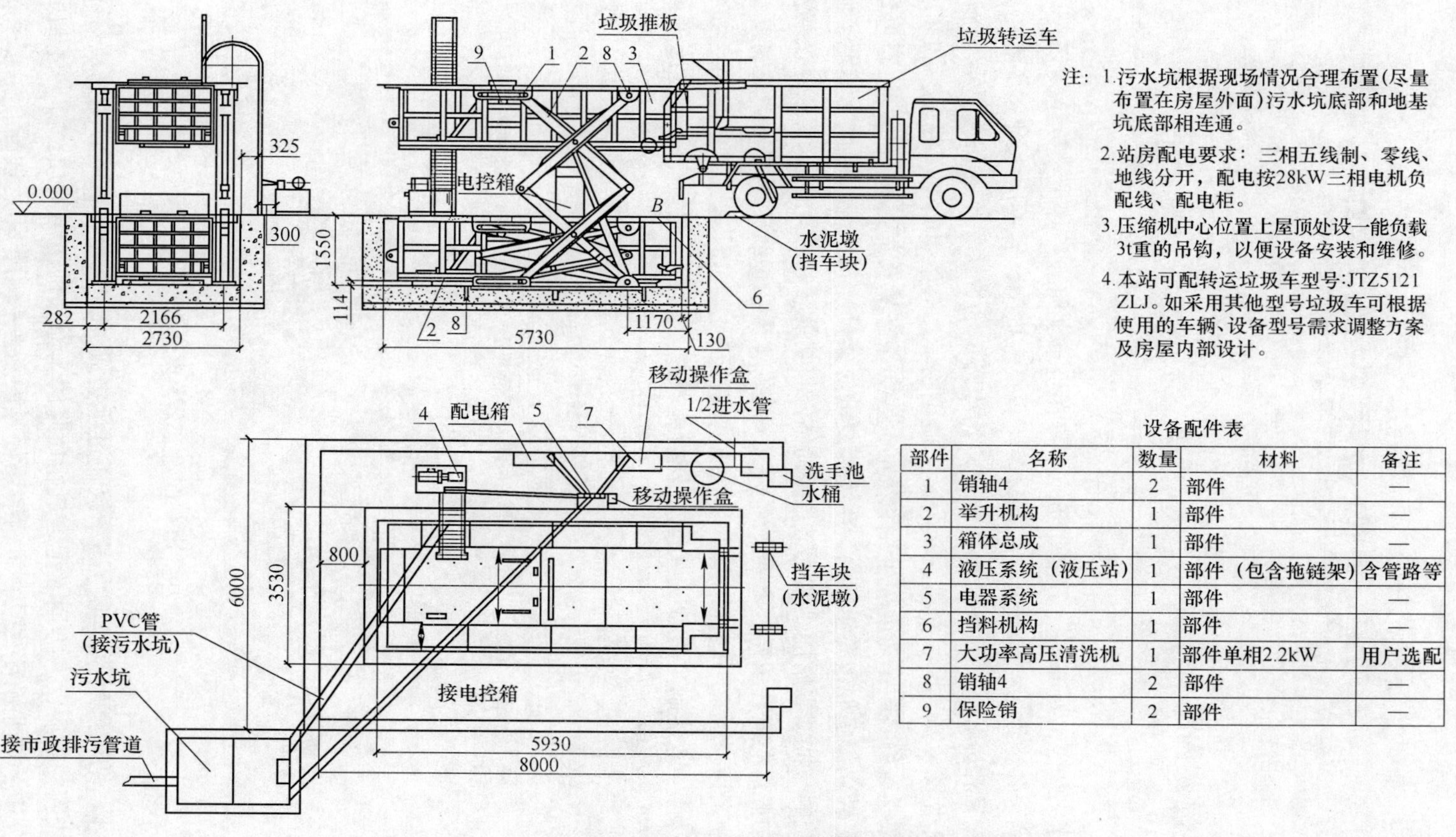

注：1.污水坑根据现场情况合理布置(尽量布置在房屋外面)污水坑底部和地基坑底部相连通。

2.站房配电要求：三相五线制、零线、地线分开，配电按28kW三相电机负配线、配电柜。

3.压缩机中心位置上屋顶处设一能负载3t重的吊钩，以便设备安装和维修。

4.本站可配转运垃圾车型号:JTZ5121ZLJ。如采用其他型号垃圾车可根据使用的车辆、设备型号需求调整方案及房屋内部设计。

设备配件表

部件	名称	数量	材料	备注
1	销轴4	2	部件	—
2	举升机构	1	部件	—
3	箱体总成	1	部件	—
4	液压系统（液压站）	1	部件（包含拖链架）	含管路等
5	电器系统	1	部件	—
6	挡料机构	1	部件	—
7	大功率高压清洗机	1	部件单相2.2kW	用户选配
8	销轴4	2	部件	—
9	保险销	2	部件	—

图 5-11 地坑式垃圾压缩站示意图

6　生态修复工程安全设计

6.1　基本内涵

6.1.1　基本理论

生态修复（ecological remediation）是在生态学原理指导下，以生物修复为基础，结合各种物理修复、化学修复以及工程技术措施，通过优化组合，使之达到最佳效果和最低耗费的一种综合的修复污染环境的方法。生态修复的顺利施行，需要生态学、物理学、化学、植物学、微生物学、分子生物学、栽培学和环境工程等多学科的参与。对受损生态系统的修复与维护涉及生态稳定性、生态可塑性及稳态转化等多种生态学理论。生态修复的对象是生态系统，因此，需要了解生态系统的一些基本属性，如生态系统的结构与功能、物理化学环境、生态系统中动植物群落的演替规律，需要了解生态系统的优势物种或旗舰物种，还需要认识生态稳定性、生态可塑性以及生态系统的稳态转化等。只有这样才能确定生态修复的目标，才能制定有效的生态修复措施与技术组合。村镇生态修复原理如图6-1所示。

图 6-1　生态修复原理图

（1）循环再生原理。生态系统通过生物成分，一方面利用非生物成分不断地合成新的物质，一方面又把合成物质降解为原来的简单物质，并归还到非生物组分中，如此循环往复，进行着不停顿的新陈代谢作用。这样，生态系统中的物质和能量就进行着循环和再生的过程。生态修复利用环境-植物-微生物复合系统的物理、化学、生物学和生物化学特征对污染物中的水、肥资源加以利用，对可降解污染物进行净化，其主要目标就是使生态系统中的非循环组分成为可循环的过程，使物质循环和再生速度能够得以加大，最终使污染环境得以修复。

（2）和谐共存原理。在生态修复系统中，由于循环和再生的需要，各种修复植物与微生物种群之间、各种修复植物与动物种群之间、各种修复植物之间、各种微生物之间和生物与处理系统环境之间相互作用，和谐共存，修复植物给根系微生物提供生态位和适宜的营养条件，促进一些具有降解功能的微生物的生长和繁殖，促使污染物中植物不能直接利用的那部分污染物转化或降解为植物可利用的成分，反过来又促进植物的生长和发育。

（3）整体优化原理。生态修复技术涉及点源控制、污染物阻隔、预处理工程、修复生物选择和修复后土壤及水的再利用等基本过程，它们环环相扣，相互不可缺少。因此，必须把生态修复系统看成是一个整体，对这些基本过程进行优化，从而达到充分发挥修复系统对污染物的净化功能和对水、肥资源的有效利用。

（4）区域分异原理。不同的地理区域，甚至同一地理区域的不同地段，由于气温、地质条件、土壤类型、水文过程以及植物、动物和微生物种群差异很大，导致污染物质在迁移、转化和降解等生态行为上具有明显的区域分异。在生态修复系统设计时，必须有区别地进行工艺与修复生物选择及结构配置和运行管理。

6.1.2 主要特点

生态修复是利用生态学、系统学、工程学的方法实现退化生态系统恢复与重建，以使一个生态系统恢复到较接近其受干扰前的状态的工程。生态修复中要加强对土壤污染的修复，积极实施土壤改良工程和污染修复工程。在全面查清区域污染源和污染状况的基础上，重点做好污染源防控，有效治理点源污染，控制面源污染，防止污染物进一步扩散及耕地质量连片下降。按污染物质成分和组合关系，有针对性地采用工程措施、化学措施、生物措施；各种污染防治措施的施工工艺和要求也不同，应加强研究和实践经验总结、推广。生态修复工程竣工后还应注重质量动态、连续检测，防止出现二次污染。同时，结合地方实际，开展生态修复工作。

（1）村镇社区生态修复重点在于：

1）对原有植被种类进行保护，丰富植被类型，保护村落的山水林资源，保持生态平衡。

2）推进河流水系整治保护，坚持人与自然和谐为本、可持续发展的原则，着力推进河流水系综合治理，持续改善水生态环境和水文景观，维持“水清、面洁、岸绿、有景”的河道水环境面貌。

3）加强耕地保护，农耕文化是古村落曾经历史辉煌的体现，农村与农地是密不可分的，加强村庄周边农地的保护和生态修复，使得数百年来农村日出而作、日落而息的农耕文明得以传承与延续，也是对村庄进行保护和修复的重要内容之一。

（2）村镇地区生态修复主要特点：

1）生态修复影响因素复杂。生态学的理论和原理是生态修复的基础依据，生态修复必须以生态学作为主导，遵循生态学的规律和原则。生物与生态因子间的相互关系，生态系统的组成以及结构，生态系统的演替规律，物种的共生、互惠、竞争、对抗关系等，都必须在充分理解和掌握的基础上去正确和全面应用，即依靠自然之力恢复自然。生态修复主要是通过微生物和植物等的生命活动来完成的，影响生物生活的各种因素也将成为影响生态修复的重要因素，因此，生态修复也具有影响因素多而复杂的特点。

2）生态修复的多学科交叉。生态修复的顺利施行，需要生态学、物理学、化学、植物学、微生物学、分子生物学、栽培学和环境工程等多学科的参与。多学科配合协作是生态修复工作顺利开展的必要前提。有效地开展封禁措施、退耕还林、生态移民以及产业结构调整工作，就需要多学科配合协作支持，从而更好地落实修复措施与配合。

3）生态修复周期较长。生态系统极其复杂，由于地理位置、气候、水文的自然条件的差异，污染的原因和人类活动的影响也不同，因此决定了生态修复技术的复杂性和多样性。由于各类措施需要一定的时间，相对于工程措施，生态修复需要较长的时间，效益一般要在3~5年后才会缓慢发挥出来。当地的自然条件不同，生态恢复的速度会有所不同，一般来说，生态修复成功是缓慢的，完善功能的发挥则需要更长的时间。

4）生态修复需因地制宜。我国是幅员辽阔的国家，自然条件与社会经济发展水平差别很大。生态修复受到自然条件的限制，一定要坚持因地制宜的原则，根据本地区具体情况和特点，制定合乎自然条件、适应经济发展需要、符合当地经济承受能力的修复方案和措施。因此，生态修复地区应至少达到以下条件：人口密度以及土地承载力小的地方适宜生态修复的开展；地区的降水量不宜过少；为了能够更好地保障耐旱、耐贫瘠草、灌的生长，区域内的土层厚度应得到保障；即使区域水土流失严重，但并非是寸草不生；区域内无严重的地质灾害，如泥石流、滑坡等。

6.1.3 基本机制

6.1.3.1 污染物的处理机制

（1）污染物的生物吸收与富集机制。土壤或水体受重金属污染后，植物会不同程度地从根际圈内吸收重金属，吸收数量的多少受植物根系生理功能及根际圈内微生物群落组成、pH 值、氧化-还原电位、重金属种类和浓度以及土壤的理化性质等因素影响，其吸收机理是主动吸收还是被动吸收尚不清楚。植物对重金属的吸收可能有以下三种情形：

1）完全的“避”，这可能是当根际圈内重金属浓度较低时，根依靠自身的调节功能完成自我保护，也可能是无论根际圈内重金属浓度有多高，植物本身就具有这种“避”机理，可以免受重金属毒害，但这种情形可能很少。

2）植物通过适应性调节后，对重金属产生耐性，吸收根际圈内重金属，植物本身虽也能生长，但根、茎、叶等器官及各种细胞器受到不同程度的伤害，使植物生物量下降。这种情形可能是植物根对重金属被动吸收的结果。

3）某些植物因具有某种遗传机理，将一些重金属元素作为其营养需求，在根际圈内该元素浓度过高时也不受其伤害，超积累植物就属于这种情况。植物根对中度憎水有机污染物有很高的去除效率，中度憎水有机污染物包括 BTX（即苯、甲苯、乙苯和二甲苯）、氯代溶剂和短链脂肪族化合物等。植物将有机污染物吸入体内后，可以通过木质化作用将它们及其残片储藏在新的组织结构中，也可以代谢或矿化为 CO_2 和 H_2O，还可以将其挥发掉。根系对有机污染物的吸收程度取决于有机污染物的浓度和植物的吸收率、蒸腾速度。植物的吸收率取决于污染物的种类、理化性质及植物本身特性。其中，蒸腾作用可能是决定根系吸收污染物速率的关键变量，这涉及土壤或水体的物理化学性质、有机质含量及植物的生理功能，如叶面积，蒸腾系数，根、茎和叶等器官的生物量等因素。一般来说，植物根系对有机污染物吸收的强度不如对无机污染物如重金属的吸收强度大，植物根系对有机污染物的修复，主要是依靠根系分泌物对有机污染物产生的络合和降解等作用。此外，植物根死亡后，向土壤释放的酶也可以继续发挥分解作用，如脱卤酶、硝酸还原酶、过氧化物酶、漆酶等。细菌等微生物也可以大量地富集重金属，但由于这些微生物难以去除，而且虽然重金属在这些微生物体内可能会转化为无害物质而暂时对环境无害，但等微生物死亡后又会重新进入环境而造成潜在危害。因此，这种机制对于重金属污染土壤或水体的修复意义不是很大。植物降解功能也可以通过转基因技术得到增强，如把细菌中的降解除草剂基因转导到植物中产生抗除草剂的植物，这方面的研究已有不少成功的例子。因此，筛选、培育具有降解有机污染物能力的植物资源就显得十分必要。

（2）有机污染物的生物降解机制。生物降解是指通过生物的新陈代谢活动将污染物质分解成简单化合物的过程。这些生物虽然也包括动物和植物，但由于微生物具有各种化学作用能力，如氧化-还原作用、脱羧作用、脱氯作用、脱氢作用、水解作用等，同时本身繁殖速度快，遗传变异性强，也使得它的酶系能以较快的速度适应变化了的环境条件，而且对能量利用的效率更高，因而具有将大多数污染物质降解为无机物质（如二氧化碳和水）的能力，在有机污染物质降解过程中起到了很重要的作用。微生物具有降解有机污染物的潜力，但有机污染物质能否被降解还要看这种有机污染物质是否具有可生物降解性。可生物降解性是指有机化合物在微生物作用下转变为简单小分子化合物的可能性。有机污染物质是有机化合物中的一大类。有机化合物包括天然的有机物质和人工合成的有机化学物质，天然形成的有机物质几乎可以完全被微生物彻底分解掉，而人工合成的有机化学物质的降解则很复杂。多年来的研究表明，在数以百万甚至上千万计的有机污染物质中，绝大多数都具有可生物降解性，有些专性或非专性降解微生物的降解能力及降解机理已十分清楚，但也有许多有机污染物是难降解或根本不能降解的，这就要求一方面加深对微生物降解机理的了解，以提高微生物的降解潜力；另一方面也要求在新的化学品合成之后，进行可生物降解性试验。对于那些不能生物降解的化学品应当禁止使用，只有这样才能有利于人类的可持续发展。细菌除直接利用自身的代谢活动降解有机污染物外，还能以环境中有机质为主要营养源，对大多数有机污染物进行降解，如多种细菌可利用植物根分泌的酚醛树脂如儿茶素和香豆素进行降解多氯联苯 PCBs 的共代谢，也可以降解 2，4-D。细菌对低分子量或低环有机污染物如多环芳烃 PAHs（二环或三环的）的降解，常将有机物作为唯一的碳源和能源进行矿化，而对于高分子量的和多环的有机污染物多环芳烃 PAHs（三环以上的）、氯代芳香化合物、氯酚类物质、多氯联苯（PCBs）、二噁英及部分石油烃等则采取共代谢的方式降解。这些污染物有时可被一种细菌降解，但多数情况是由多种细菌共同参与的联合降解作用。菌根真菌在促进植物根对有机污染物吸收的同时，也对根际圈内大多数有机污染物尤其是持久性有机污染物（POPs）起到不同程度的降解和矿化作用，其降解的程度取决于真菌的种类、有机污染物类型、根际圈物理和化学环境条件及微生物群系间的相互作用。研究表明，许多外生菌根真菌对许多 POPs 可以部分降解。腐生真菌及一些土壤动物对污染物质也有一定的修复作用。白腐真菌能产生一套氧化木质素和腐殖酸的降解酶，这些酶包括木质素过氧化物酶、锰过氧化物酶和漆酶，这些酶除能降解一些 POPs 外，其扩散到环境介质中的产物也能束缚一部分 POPs，从而减轻对植物的毒害。蚯蚓也能部分吸收重金属，以减少对植物的毒害。

(3) 有机污染物的转化机制。转化或降解有机污染物是微生物正常的生命活动或行为。这些物质被摄入体内后，微生物以其作为营养源加以代谢，一方面可被合成新的细胞物质；另一方面也可被分解生成 CO_2 和 H_2O 等物质，并获得生长所必需的能量。微生物通过催化产生能量的化学反应获取能量，这些反应一般使化学键破坏，使污染物的电子向外迁移，这种化学反应称为氧化-还原反应。其中，氧化作用是使电子从化合物向外迁移的过程，氧化-还原过程通常供给微生物生长与繁衍的能量，氧化的结果导致氧原子的增加和氢原子的丢失；还原作用，则是电子向化合物迁移的过程，当一种化合物被氧化时这种情况可发生。在反应过程中有机污染物被氧化，是电子的丢失者或称为电子给予体，获得电子的化学品被还原，是电子的接受体。通常的电子接受体为氧、硝酸盐、硫酸盐和铁，是细胞生长的最基本要素，通常称为基本基质。这些化合物类似于供给人类生长和繁衍必需的食物和氧。

(4) 生态修复的强化机制。对于污染程度较高且不适于生物生存的污染环境来说，生物修复就很难实施，这时就要采用物理或化学修复的方法，将污染水平降到能够降到的最低水平，若此时仍达不到修复要求，就要考虑采用生态修复的方法，而在生态修复实施之前，先要将环境条件控制在能够利于生物生长的状态。但一般来说，简单的直接利用修复生物进行生态修复，其修复效率还是很低的，这就需要采用一些强化措施，进而形成整套的修复技术。强化机制分为两个方面：一是提高生物本身的修复能力；二是提高环境中污染物的可生物利用性，如深层曝气、投入营养物质、投加添加剂等。

6.1.3.2 生态修复的基本方式

根据生态修复的作用原理，生态修复可以有以下几种修复方式：

(1) 生物修复：是生态修复的基础，生物修复定义是指生物特别是微生物催化降解有机污染物，从而修复被污染环境或消除环境中的污染物的一个受控或自发进行的过程。生物修复的成功与否主要取决于3个方面，即微生物活性、污染物特性和环境状况。

(2) 物理与化学修复：是生态修复的构成要素，物理修复与化学修复是指充分利用光、温、水、气、热、土等环境要素，根据污染物的理化性质，通过机械分离、蒸发、电解、磁化、冰冻、加热、凝固、氧化-还原、吸附-解吸、沉淀-溶解等物理和化学反应，使环境中污染物被清除或转化为无害物质。通常，为了节省环境治理的成本，物理修复或化学修复往往作为生物修复的前处理阶段。

(3) 植物修复：是生态修复的基本形式，在污染环境治理中，从形式上来看，似乎主要是植物在起作用，但实际上在植物修复过程中，往往是植物、根系分泌物、根际圈微生物、根际圈土壤物理和化学因素（这些因素可以部分人为调控）等在共同起作用。总的来看，植物修复几乎包括了生态修复的所有机制，是生态修复的基本形式。

6.2 土壤修复工程

6.2.1 土壤修复概述

土壤修复（soil remediation）是指运用物理的、化学的或者生物的方法来降解、移除或者固定土壤中的污染物质的过程。20 世纪中期，在发达国家曾爆发大量因环境污染而引发的恶性公共安全事件，如莱茵河污染事件等，土壤修复正是在这样的背景下兴起的，随着对土壤修复领域研究的不断深入，土壤修复技术不断得到改进与创新，逐渐形成较为完整的决策支持系统和技术体系。

近些年，重金属污染治理与修复得到国家和社会的高度重视，我国在 2011 年出台《重金属污染防治“十二五”规划》。污染土地修复工作具有实际需要和现实意义。首先，土壤中的有毒有害物质会通过食物链、呼吸、皮肤接触等方式转移到人体，对人体健康和安全造成危害，土壤修复能将污染物含量降低到安全水平下，保障粮食安全和居民健康；其次，土壤污染严重影响土壤的再开发利用，我国的城市化发展过程中存在着城市用地紧张、市政建设占用耕地等现象，土壤污染使这些问题更加严重，因此需要开展环境修复，使因污染闲置的城市地块和农田能够得到有效利用，缓解城市用地紧张并保护耕地红线；再者，污染土壤修复也是目前生态文明建设和生态环境保护的重要内容，土壤污染与大气污染、水污染等环境问题是一个系统的整体，不可偏废一方，这关系着一个地区的人、社会与环境的可持续发展。污染场地的修复项目需要根据地区的场地条件和修复需求，选择修复模式，筛选修复技术，再制定对应的修复方案。修复技术的选择不仅包括典型技术的比较分析，还包括修复技术的运用性评估，这就需要有决策分析系统对修复技术的可用性进行利弊权衡，为决策者做出科学决策提供支持。

6.2.2 土壤修复原则

土壤修复原则如图 6-2 所示。

(1) 可持续利用原则。土地可持续利用原则，是于 1990 年 2 月在国际持续土地利用关系研讨会上，由美国农业部等三个国家环保研究部门首次正式确认的。其中，土地资源可持续利用主要体现在数量可持续和质量可持续方面。我国国土面积辽阔，但是能被人们生产利用的土地资源却非常有限，就庞大的人口基数而言，可利用的土地资源显得更加弥足珍贵。在保护现有可利用土地的同时，污染土地的治理、再次开发与利用对我国来说尤为迫切。可持续利用原则的要求不仅仅是对土地资源经济意义上的修复，更是对土壤生态环境和生态系统健康的修复。

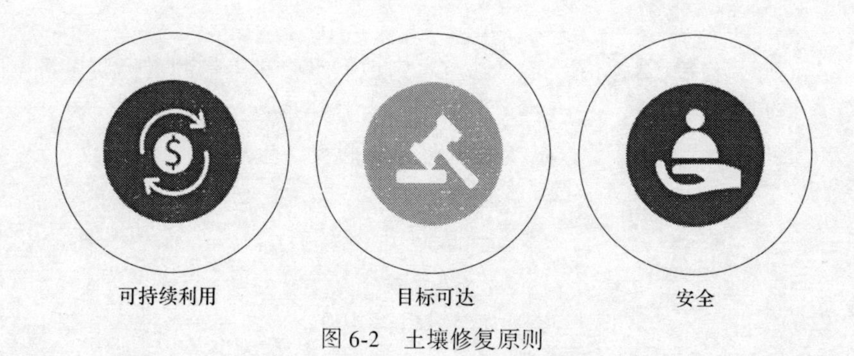

图6-2 土壤修复原则

（2）目标可达性原则。土壤修复技术的选择原则，是通过最简单、最直接以及最有效的方式或方法达到预期的修复目标，而非刻意追求工艺的先进性而忽视土壤修复的根本目的。修复技术方案应根据我国国情特点，从我国目前的土壤修复市场状况及经济体制出发，充分考虑目前现有的土壤修复技术能力和污染物处理处置设施条件。

（3）安全原则。在场地调研、采样分析及修复过程中，应本着对调查人员以及施工人员安全负责的原则，进行相应完善的安全防护措施，并配备相应设备保障场地现场的安全。污染土壤、地下水修复方案必须保证现场采样人员、修复施工人员、技术人员等的身体健康不受影响，且务必做好防护措施，防止在勘察采样过程中人员健康受到伤害；防止土壤清挖过程中污染物迁移、扩散，避免土壤转移、储存、处置过程中二次污染的发生；并对可能产生的远期环境隐患进行安全预测和提供防治措施。

6.2.3 土壤修复目标

目前，利用健康风险评估方法建立土壤修复目标值已成为国外污染场地治理领域的主流，并逐渐在我国推广应用。该方法通过对场地中污染物可能造成的健康风险进行评价，得到以保证人体健康为目的的修复目标，能够充分考虑场地的具体条件及可能的危害程度。但土壤和地下水之间存在着天然的水力联系，土壤中的污染物可能通过淋溶作用进入地下水，造成地下水污染。因此，出于保护污染场地周边作为饮用用途或农业用途的地下水环境，或者保护受地下水补给的地表水环境的目的，提出三层次基于保护地下水的土壤修复目标。

（1）第一层次评估模型。第一层次评估模型采用三相平衡耦合地下水稀释模型，污染物在土壤固、液、气三相中的分配达到平衡时的淋滤液浓度可以由土-水分配方程求得，土壤淋滤液到达地下水表面时与地下水混合而被稀释的过程采用箱式模型进行表征。

1）土壤修复目标值计算公式：

$$C_{st} = C_{wt} \times K_{sw} \times DF \tag{6-1}$$

式中，C_{st}为土壤修复目标值，mg/kg；C_{wt}为地下水中污染物的目标质量浓度限值（由相关水质标准确定），mg/L；K_{sw}为土壤-水分配系数，L/kg；DF 为稀释系数。

2）土-水分配方程基于等温线性瞬时分配假设，土壤-水分配系数（K_{sw}）计算公式：

$$K_{sw} = K_d + (\theta_w + \theta_a \times H')/\rho_b \tag{6-2}$$

$$K_d = K_{oc} \times f_{oc} \tag{6-3}$$

$$f_{oc} = f_{om}/(1.7 \times 100) \tag{6-4}$$

式中，K_d为土壤固相-水分配系数，L/kg；θ_w为土壤充空隙度；θ_a为土壤充气空隙度；H' 为亨利常数；ρ_b为土壤干容重，kg/L；K_{oc}为土壤有机碳-水分配系数，L/kg；f_{oc} 为土壤有机碳质量分数，%；f_{om} 为土壤有机质质量分数，%。

3）稀释系数（DF）与场地特征有关，表示为

$$DF = 1 + (K \times i \times d_m)/(I \times L) \tag{6-5}$$

$$d_m = (0.0112L^2)^{0.5} + d_a[1 - e^{(-I \times L)/(K \times i \times d_a)}] \tag{6-6}$$

式中，K 为饱和渗透系数，m/d；i 为水力坡度，‰；I 为入渗速度，m/d；L 为沿地下水流向方向的污染源长度，m；d_m为混合区深度，m；d_a为含水层厚度，m；当 $d_m > d_a$时，取 $d_m = d_a$。

在进行第一层次评估时，式（6-2）~式（6-6）中的参数可直接采用 HJ25.3—2014 给出的推荐值，这样能够快速计算出相关污染物的筛选值，进而判断评估工作是否可以结束，或采取下一阶段行动。

（2）第二层次评估模型。第二层次评估模型是在第一层次评估模型基础上进一步耦合包气带溶质运移模型。

1）土壤修复目标值表示为

$$C_{st} = C_{wt} \times K_{sw} \times DF \times AF_U \tag{6-7}$$

式中，AF_U为非饱和带中污染物的衰减系数。对于污染物在包气带中的运移过程，采用相对简单的一维非饱和稳定流溶质运移模型来表征，主要考虑污染物在包气带中的对流、弥散、吸附和一阶衰减作用。

2）AF_U 可以根据模型的解析解表示为

$$AF_U = \frac{C_L}{C_z} = 1/\exp\left(\frac{b}{2\partial_x} - \frac{b}{2\partial_x}\sqrt{1 + \frac{4\partial_x \times L_{US}}{v_u}}\right) \tag{6-8}$$

$$v_u = I/(\theta_w \times R_u) \tag{6-9}$$

$$R_u = 1 + (\rho_b/\theta_w) \times K_d \tag{6-10}$$

$$L_{US} = (0.693/t_{1/2}) \times e^{-0.07d} \times (1 - D_{1/2US}/365) \tag{6-11}$$

式中，C_L为污染源处淋滤液中污染物的质量浓度，mg/L；C_z为污染源下方地下水表面处淋滤液中污染物的质量浓度，mg/L；b 为污染源下方包气带的厚度，

m; ∂_x 为纵向弥散度，m; L_{US}为污染物在包气带中的衰减常数，a^{-1}；v_u 为污染物平均下渗速度，m/a; R_u 为包气带的阻滞系数；$t_{1/2}$ 为污染物的半衰期，a; d 为地下水位埋深，m; $D_{1/2US}$ 为温度小于 0℃的时间，d。

(3) 第三层次评估模型。第三层次评估模型是在第二层次评估模型基础上进一步耦合饱和带溶质运移模型。

1) 土壤修复目标值表示为

$$C_{st} = C_{wt} \times K_{sw} \times \mathrm{DF} \times \mathrm{AF_U} \times \mathrm{AF_S} \tag{6-12}$$

式中，$\mathrm{AF_S}$为饱和带中污染物的衰减系数。污染物在饱和带中的运移过程采用应用较为广泛的 Ogata-Banks 方程，主要考虑污染物在饱和带中的对流、弥散、吸附和一阶衰减作用。

2) $\mathrm{AF_U}$可以表示为

$$\mathrm{AF_S} = \frac{C_{GW}}{C_w} = 1/\mathrm{e}^{\frac{x}{2\partial x}}\left(1 - \sqrt{1 + \frac{4L_S \times \partial_x}{v}}\right)\mathrm{erf}\left(\frac{S_y}{2\sqrt{\partial_y xx}}\right)\mathrm{erf}\left(\frac{d_m}{4\sqrt{\partial_z \times x}}\right) \tag{6-13}$$

$$v = (K \times i)/(n \times R) \tag{6-14}$$

$$R = 1 + (\rho_b/n) \times K_d \tag{6-15}$$

$$L_S = 0.693/t_{1/2} \tag{6-16}$$

式中，C_{GW}为污染源下方地下水中污染物质量浓度，mg/L; C_w为饮水井处地下水中污染物质量浓度，mg/L; x 为污染源与饮水井之间的距离，m; ∂_y、∂_z 分别为横向、垂向弥散度，m, $\partial_y = 0.1\partial_x$，$\partial_z = 0.01\partial_x$；LS 为污染物在饱和带中的衰减常数，$a^{-1}$; v 为污染物在饱和带中的运移速度，m/a; n 为有效孔隙度；R 为饱和带的阻滞系数；S_y 为污染源宽度，m。

计算基于保护地下水的土壤修复目标时所需要的参数，可以分为土壤性质参数、场地特征参数和污染物理化参数三类。污染物在地下水中的目标浓度限值选用《生活饮用水卫生标准》(GB 5749—2006) 中相应指标的标准限值；污染物理化参数参考 HJ25.3—2014；第一层次评估模型中的土壤性质和场地特征参数参考 HJ25.3—2014；第二层次和第三层次评估模型中的土壤性质和场地特征参数主要来自现场实际测量和当地水文气象资料。

6.2.4 土壤修复方法

(1) 工程治理法。工程治理法是一种基于物理或物理化学原理并通过一定工程措施来修复重金属污染土壤的方法。造成日本富士县神通川流域发生著名的“痛痛病”事件，主要原因便是含镉、铅大米的长期食用。事件发生后，科学家经过大量实践研究，最终通过去表土 15cm 后连续淹水的处理方法，使大米中镉的含量显著减少且小于日本规定的大米镉含量限值。另外研究也发现，先去表土后再客土 20~30cm 并采用间歇灌溉的浇灌方式，同样能显著降低稻米中镉的积累量。客土深度如果继续加大效果则更好。淋洗法是一种利用化学淋洗液来淋洗受污染的土壤以达到降低土壤中重金属含量的处理方法。热处理法是针对土壤中的挥发性污染物，通过加热手段促使其挥发并进行回收处置。电解法是对土壤中重金属污染物进行电解、电迁移、电渗和电泳操作，使重金属离子在阳极或阴极被去除。上述措施修复效果较好，修复后比较稳定，但实现复杂，成本高，容易导致土壤肥力下降。

（2）化学治理法。化学治理是一种通过向土壤中投加添加剂改变土壤理化性质的处理方法。添加剂包括活化剂和钝化剂，活化剂主要是一些螯合剂和表面活性剂，这些活化剂能活化土壤中的重金属，增加土壤中的重金属溶解度，形成水溶态的金属-螯合剂配合物，提高其生物有效性，进而加强植物对目标重金属的吸收；钝化剂通过调节土壤环境中酸碱度、氧化还原电位等理化性质以及一系列的络合沉淀、氧化-还原、吸附等反应，改变重金属在土壤中的赋存状态，降低重金属的溶解度，减少其生物有效性，进而达到避免对环境受体的毒性伤害。化学治理措施优点是效果明显，经济性高，缺点是容易二次活化，对土壤形成二次污染。

（3）生物净化法。生物净化主要是通过某些能适应重金属污染环境的生物，对土壤污染环境进行一系列的改良，包括吸收土壤中的重金属降低其浓度以及固定重金属降低其毒性等。其可以分为动物治理、微生物治理。动物治理主要是通过土壤中的一些较低等的动物如蚯蚓对土壤生态的改良以及对重金属的吸收来降低土壤重金属的危害。微生物治理主要是利用微生物本身的一些特性通过吸收、沉淀和氧化还原作用稳定重金属污染物，从而使土壤中的重金属的毒性降低，比如部分酶可以和铀、铅、镉等金属元素发生反应形成溶解度较低的物质磷酸盐。通常，真核生物对重金属元素不够敏感，原核生物（细菌、放线菌、革兰氏阳性菌）则相反，某些原核生物可以直接吸收重金属如镉、铜、镍、铅等。生物治理优势在于实施起来较为容易、花费和对环境的影响较小，但是去除效果不是很高。

（4）农业治理法。农业治理主要是通过改变某些耕作管理制度来减轻重金属污染程度，这种改变需要因地制宜。主要的方法有：通过调节土壤中的水分来改变土壤的氧化还原电位（E_h），进而影响土壤中重金属的生物有效性达到降低重金属污染的目的；在保持土壤肥力的基础上，尽量选择有减轻土壤重金属污染功能的化肥；增加可以在土壤中对多种重金属有固定作用的有机肥；在重金属污染的土壤上选择具有抗污染的作物和不进入食物链的作物。如在含镉土壤（100mg/kg）上改种另一种作物苎麻，经检测发现五年后土壤含镉量平均降低27.6%。农业治理的优点是投入少、操作简单，缺点是周期长。综上，由于常用的几种方法都存在这样或那样的缺点，因此寻找一种处理费用低、不破坏土壤结构、不造成二次污染、能大面积推广、能同时美化周边环境、易被人们所接受的修复技术是当前国内外研究的热点。

(5) 植物修复。植物修复技术是一门新兴起的应用技术，是基于植物能忍耐和超量富集某类或某几类化学元素的理论基础上，利用植物及其根际圈微生物共同去除进入土壤环境中的污染物的一门治理技术。广义上的植物修复技术是指利用某些绿色植物吸收、转移、固定或转化污染物使其低量化、无害化，是利用植物本身一系列的代谢过程部分或完全地去除被污染介质（土壤、水体、空气）中污染物质技术的总称。而狭义的植物修复技术主要是利用一些特征植物（如超积累植物）或者基因工程培育系统以及根际微生物群落，通过提取、挥发或稳定去除土壤中的重金属污染物，或减少重金属的毒性积累，为实现土壤净化修复目的的一种技术。

6.3 水体修复工程

6.3.1 水体修复概述

河流、湖泊在人们的生活和农业生产中起着重要作用，但人类活动打破了原有的生态平衡，影响了河流湖泊生态系统的结构和功能。为了恢复河流湖泊生态系统的健康状态，需要采取有效的生态恢复措施。欧美等发达国家从二十世纪五六十年代就开始关注河流生态系统面临的问题，开始河流修缮治理的尝试。河流修复的范围不仅包括河道，还包括河漫滩甚至整个河流流域。河流的治理包含从工程措施过渡到生态修复措施等多种类的具体、细致的相关河流生态修复工作。欧盟强调在水文形态和生物多样性方面进行可持续河流管理的必要性，WFD 提出的改善水质的“修复计划”极大推动了河流修复的进程。河流生态修复是用综合方法恢复河流因人为干扰丧失的自然功能。河流生态修复工程的目的是提升水质、恢复河岸植被、改善动植物栖息地等，保护下游生态系统，保持或提高生态系统服务价值。河流生态系统的退化是人为和自然综合干扰的结果，河流修复要充分考虑两者相互作用的机制。河流生态修复后的指标监测和状态评估是评价河流生态修复效果的重要措施，可总结河流生态修复的经验，为其他相似的河流修复提供理论和实践经验。我国河流生态治理起步于 20 世纪 90 年代左右，初期主要研究景观生态学理论、河流整治、固岸和水环境污染治理等。我国河流生态修复理论具有代表性的是刘树坤在 1999 年提出的“大水利”理论，其中对河流整治和生态修复提出修复的思路、方法、步骤等，为我国河流修复工作的开展提供参考。也有研究人员指出，应从生态系统需求的角度，通过河流修复生态功能分区、融合多学科技术等进行河流修复。

清淤是清除表层沉积物，降低内源营养负荷的重要手段，广泛应用于湖泊和河道的治理。清淤影响了沉积物中反硝化和有机质的矿化作用，降低沉积物中反硝化速率和有机碳的降解，改变了氮的原有循环模式。清淤在一定条件下可以降低水体和沉积物中 C、N、P 等营养元素含量，减轻水体富营养化程度，是有效的生态修复措施。疏浚后沉积物中有机质、总氮和有机磷含量有明显的下降，与富营养化相关的水体主要指标均有不同程度的改善。清除严重污染的沉积物可以减少水泥界面元素的释放，尤其是减少氨氮向上覆水体的释放，减少氮素内负荷。清淤后沉积物孔隙水中磷浓度降低，向上覆水体释放和再补给磷元素能力减弱，清淤可以有效控制沉积物中内部磷的释放。但在不同生态环境下清淤的生态效应不一致。在水体富营养化的养殖区，清淤达到了一定的改善水质的效果，主要底栖动物类群恢复较快；而在草型湖区，清淤破坏了原先的水生植物群落，导致整体水质下降，主要生物类群的恢复相对缓慢。同时有研究表明，清淤后悬浮颗粒物和清淤残留物可能会造成的营养盐向水体的持续释放，使得湖泊在很短时间内就恢复到原先的富营养化水平。小型河道水流速度缓慢，容易淤积，营养盐也易在小型河道沉积物中累积，可能触发二次污染，影响出流水体水质。清淤不仅可保持水道畅通，一定条件下也可以降低水体中营养元素浓度、降低沉积物营养负荷，减轻水体富营养化程度，减少沉积物造成的污染，从而改善水质。农田退还为湿地生态工程中，在恢复水体前清除表层沉积物可以显著降低沉积物 P 释放量，促进颗粒 P 的沉积，减少流入下游水域的净 P 负荷。但也有研究发现，清淤会对小型河道的生态系统结构造成破坏，影响小型河道的生态功能。清淤可以减低沉积物中的 P 负荷。在农田沟渠清淤后，清淤移除表层沉积物，沉积物 P 负荷均有不同程度的降低，但清淤后生态酶活性显著降低，微生物代谢可能要一年或者更长时间才能恢复到清淤前水平。沟渠清淤后沉积物释放到水体中的 P 元素减少，但沉积物去除水体中磷的能力也相应降低。农田输水沟渠清淤是保证周围农田排水的必要管理措施，但河道清淤后沉积物去除水体 P 的能力减弱，清淤后沉积物释放 P 元素速度加快，认为清淤后短期内水体中 P 元素会增加。清淤可以降低内源营养负荷，但清淤会对沉积物造成很大的扰动，可能会促进沉积物中营养盐在清淤过程中的释放，同时清淤工程不可能避免会对湖泊和河流生态系统造成一定的破坏，在清淤后需要有相应的观测和研究以分析某次清淤工程的具体影响。

6.3.2 水体修复原则

(1) 污染者负担原则。污染者负担原则是环境法领域中最重要的基本原则之一，同时也被称为污染者买单原则。我国目前现有的环境保护立法中严格贯彻了这一原则（《环境保护法》中第 28 条）。发达国家如美国、德国等，都实行这一原则，这一原则不仅为治污费用的筹集起到一定程度上的经济诱因作用，同时也能起到从根本上较好地预防污染的作用。因此，在污染防治与治理过程中，这一基本原则可以很好地划分责任。

（2）共同负担原则。共同负担原则可以起到弥补“污染者负担原则”不足的作用，即是对“污染者负担原则”的补充准则。由于环境事故存在潜伏性与严峻性等特点，当环境污染问题暴露时，单单只依据污染者负担原则，很难实现对环境污染切实有效的治理。通常，污染治理需要相对较高的经济成本，如果仅靠污染者负担，大多数情况下不能够保障和落实污染的修复和治理工作。因此，有必要在污染治理法律制定中确立共同担负的原则，从而更好更快地实现国家、社会环境生态保护责任制度。

（3）时间与经济原则。修复过程要有合理的时间安排，不同部门在规定的时间内按秩序进行施工，污染治理修复应从时间顺序入手，确保不同区域之间工程实施做到合理连接，符合规划时间要求。在技术应用过程中尽可能地提高效率，从而缩短修复时间。污染修复方案的制定必须提供各项拟采用技术的合理成本，并充分考虑环境特征、污染物分布迁移规律、技术应用的不确定性等主要因素；在技术选择过程中应尽量选择低成本修复技术，对于设备的选择应尽量国产化，在符合开发规划要求以及确保修复效果的前提下，减少异地修复技术的应用，以削减成本。

（4）生态系统结构与功能相统一原则。自然生态系统的结构与功能关系是生物群落与其环境协同演化而形成的，是其维护特定生态系统结构与功能的内在统一。作为人为而有明确目标的生态修复，也必须遵循生态学的这一基本原理。因此，在生态修复工程的设计中，需更加注重实现目标所要求的群落物种结构间的互利性、时间结构上的高效性和系统效益信息反馈的显著性。就生态系统的功能修复而言，工程设计中需要更加注重构建系统处置功能，解决系统的“阻塞”或“过剩”问题，同时还要增强生物系统各组分的保存功能，即提升其各组分能够把环境中的物质、能量吸收储存的能力。

（5）景观美和亲水性原则。现代规划设计中非常重视的理念之一就是景观美，当然，景观美同时也是一种资源。修复工程中的“美”要从生态修复的角度考量，需要在修复过程中体现出“自然美”与“人文美”、“形式美”与“内容美”的结合。其主要核心理念是和谐的生态结构与大众审美情趣相结合，最大限度地实现人们对优美、舒适生活质量的期盼。亲水性实际上是生命的重要特征之一，就河流的亲水性而言，它是人们对河流景观美的一种憧憬。在城市中，河流的亲水性与物种的多样性结合，其不仅是“以人为本”理念的体现，还兼具科普教育等多重功能。

（6）理论性与实践性相统一原则。生态修复的理论基础来源于人们多次反复的实践探索，通过现有的知识理论和科学技术对各种实际情况进行实验和总结，找出一条普遍适用的方法和理论。但是由于各地的实际情况存在差异，已经出现的理论并不一定适用各种情况，这就需要管理者、施工者和相关的技术人员根据实际情况合理判断，制定出符合当地的施工管理办法，而不是照搬以前的经验和理论，但是在制定计划的时候，同样离不开现有的技术理论支持，需要在已掌握的理论基础上探索出一条新的出路。理论性与实践性是相辅相成、互相影响、互相促进的关系，在生态修复过程中必须同时兼顾。

6.3.3 水体修复目标

（1）水质指标。水体评价可依据水质污染指标 DO、石油类、高锰酸盐指数、粪大肠菌群、pH、COD、BOD_5、TN 和 TP 等，按《地表水环境质量标准》（GB 3838—2002）中相应标准要求进行。为方便描述，本书采用 V 类标准要求，具体见表 6-1。

表 6-1 V 类标准要求表

标准类型	pH	COD	BOD_5	TN	TP	DO	石油类	高锰酸盐指数	粪大肠菌群 /个 · L^{-1}
V类	6~9	≤40	≤10	≤2	≤0.4(湖、库 0.2)	≥2	≤1	≤15	≤40000

（2）指标计算。

1）水质参数。水质参数 i 的标准指数 P_i 计算公式为：

$$P_i = C_i/C_s \tag{6-17}$$

式中，C_i 为污染物实测浓度，mg/L；C_s 为污染物评价标准，mg/L。

2）pH 的标准指数计算公式为：

$$P_{pH} = -\frac{7.0 - pH}{7.0 - pH_{sd}},\ pH \leqslant 7.0 \tag{6-18a}$$

$$P_{pH} = \frac{pH - 7.0}{pH_{su} - 7.0},\ pH > 7.0 \tag{6-18b}$$

式中，pH 为实测值；pH_{sd} 为地表水水质标准中规定的 pH 值下限；pH_{su} 为地表水水质标准中规定的 pH 值上限。

3）DO 的标准指数计算公式为：

$$P_{DO,j} = \frac{|DO_f - DO_j|}{DO_f - DO_s},\ DO_j \geqslant DO_s \tag{6-19a}$$

$$P_{DO,j} = 10 - 9\frac{DO_j}{DO_s},\ DO_j < DO_s \tag{6-19b}$$

式中，$P_{DO,j}$ 为DO的标准指数；DO_f 为某水温、气压条件下的饱和溶解氧浓度，mg/L，计算公式常采用：$DO_f = 468/(31.6 + T)$，T 为水温，℃；DO_j 为溶解氧的实测值，mg/L；DO_s 为溶解氧的评价标准限值，mg/L。

6.3.4 水体修复方法

河湖生态系统拥有复杂的系统结构，对其进行修复，不能简单考虑，需要涉及各门知识，如常用到的生态环境学、地质水文学、动植物学等知识，还有在施工设计中用到的土木学、工程管理学和地貌学等多个学科知识，并且是一个集工程前期设计、现场施工和后期监测评估的综合规划项目。因此，受损河流生态修复技术也具有多样性，按照修复对象来说，归纳起来主要有针对水体本身的水环境质量修复技术、针对水生生物的生物生境和栖息地修复技术、针对河岸与湖岸的护岸修复技术、针对流域地貌的纵向连续性和河流横断面多样性修复技术等5大类。以修复方法来概括总结，包括物理修复、化学修复、生物修复和生态工程修复。

（1）物理修复技术。物理修复技术主要运用物理原理对水体进行治理，包括：水体曝气、截污分流、底泥清淤、引水补水、机械除藻与超声波除藻等。截污分流即对流入河湖的污水进行截流，使其分流，进入城市污水管网。清淤是指一般利用物理方法将河湖底部的淤泥进行清除，根据水体实际情况，规定清淤深度，这样可以有效地削减底泥污染物的污染贡献率。另外，清除的底泥最终如何处置也需进行详细的规划论证。引水补水是通过对本地实际考察研究，对水流进行合理科学的调度，一方面可以提高水体流动能力，另一方面还可以促进污染水体的稀释，但该方法对污染物只是稀释和转移，而并非降解，会使污水在湖体中的水力停留时间缩短，从而避免河水在其中长时间滞留而致使变黑变臭，但是它会对下游造成一定程度的污染，所以在实施调水前应进行理论计算和预测。曝气是指在水体处于厌氧或缺氧状态下，利用曝气装置对水体进行人工充氧，补充水中生物所需要的溶解氧，提高水体的自净能力，改善水质，帮助河湖恢复到健康的水生生态系统。机械除藻和超声波除藻就是在水体富营养化状态下，利用机械设备除去水中藻类，防止藻类死亡分泌毒素造成水质的恶化。

（2）化学修复技术。化学修复技术一般只适用于水质突然恶化的情况，通过向恶化水体中投放化学药剂或者合成材料，利用化学作用，使水中污染物与投放的物质发生反应，来达到降低水中某种污染物的目的。但是，当选用的化学物质不当甚至错误的时候，很可能造成水体二次污染。化学方法中针对不同情况有不同方法，主要有化学絮凝、化学除藻和重金属的化学固定等。化学方法通常情况都是投加化学药剂，特点是见效快、方法简单，在某些特殊的条件下，能够起到控制水质恶化的作用。但是，由于生物富集和放大作用，化学物质会在生物体内不停富集，经过一定时间，可能会对生态系统产生负面影响。因此，除非用于应急或者有健康安全许可，否则，化学方法不宜采用。

(3) 生物修复技术。生物修复技术包括：菌种直接投加、生物载体技术、生物过滤技术和生物操纵等。投加的菌种一般是人工强化培养的微生物，多为粉末状或液体状，投入水体后，大量繁殖对水质进行净化，但投加的外来微生物与原本存在于水中的微生物相互之间彼此竞争与适应，所以需要后期维护，并且反复投加，一般成本较高。向 COD 为 41mg/L、TN 为 2.36mg/L、TP 为 0.28mg/L 的污水中添加 0.01%、0.05%、0.1%和 0.2%的菌剂处理中，添加量为 0.01%的处理效果最好，可使 TN、TP、COD 浓度分别降为 1.31mg/L、0.03mg/L 和 0.038mg/L。生物载体技术原理是将原本存于水中的本土微生物想办法将其富集起来，为其提供良好的生存空间，促进微生物群落的繁殖更新，利用载体的培养功能，催化出品种更加丰富多样的微生物种群，最终形成“藻-菌”共生系统，增强并且放大水体的自净能力。这些载体一般为条状或片状的聚酯纤维类。生物过滤技术是指利用某种介质作为填料，这些介质可以是卵石、沸石和陶瓷等，利用这些东西在一些岸边或者河滩浅地构建生物膜净化床，这样不仅可以利用生物作用降解有机物外，还能够利用介质对污水中的不可溶性物质产生物理吸附、沉降、过滤等作用。生物操纵是指利用生物之间的食物关系，用一种物种抑制另外一种物种，被抑制的生物往往是不利于水体净化的生物，从而保护利于水体净化的生物，以此来达到强化水体生态系统完整性的作用。

(4) 生态工程修复技术。生态工程修复技术包括水生动植物技术、生态浮岛和生态护岸等。水生植物技术主要利用植物的生长特性，以污染水体中大量的 N、P 等元素作为营养盐，利用其发达的根系系统作为微生物的生长繁殖场所。其具有吸收净化水中污染物质、净化水质、抑制藻类繁殖等功能。在人工湿地污水处理系统中，对植物的 N、P 元素削减能力进行实验，结果表明通过植物收割去除的 N、P 量占湿地总去除量的 2%～6%。生态浮岛技术是将通过筛选后的挺水植物与浮叶植物植于浮在水面的载体上，一方面可以优化区域景观环境，另一方面还可以为水生动物创造良好的生产环境，同时兼具改善景观、净化水质、创造水生生物的生息空间等综合性功能。生态护岸是最近几年提出的一种复合岸线技术，将生态性、亲水性和防洪功能融为一体。同时，也是一种将土工合成材料应用技术、植被护坡技术和边坡整治工程技术互相结合的应用方式。通过构筑一个集生态、环保、工程于一体的边坡防护结构来丰富堤岸的水陆生生态系统，削弱径流等面源污染对湖泊、河流的影响。总体来说，河流湖泊污染治理体系包括控源截污、内源控制、生态修复及其他技术，按照因地制宜、一河一策、多管齐下、综合治理四个基本原则进行综合治理。

6.4 林业修复工程

6.4.1 林业修复概述

林业生态系统是在系统论下，区别于传统的木头林业，是在当前人类所面临的自然资源紧张、生态环境遭受破坏的背景中，产生的一种将人类、社会、自然看作一个完整的符合系统的概念。在这个概念下，林业的生产经营需要遵循经济和社会系统的发展规律，同时也要遵循自然规律，在生态系统中运行。在林业生产中实现生态、经济和社会系统的协调发展、共同发展、和谐发展的局面。

根据林业生态系统理论，林业生态修复主要包括生态、经济和社会三方面主要内容，如图 6-3 所示。

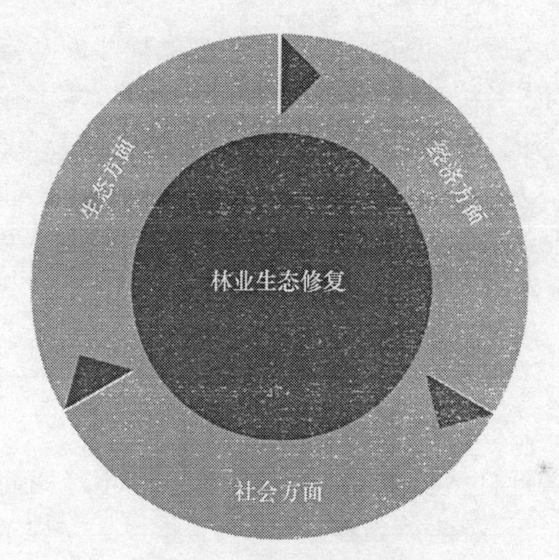

图 6-3　林业生态修复内容

(1) 生态方面要引导全社会形成生态文明观念，加强林业生态建设，保护森林植被等重要的林业资源；要充分发挥林业在生态系统中的基础性作用，通过保护和建设林业生态系统，构建出能够发挥涵养水源、固碳释氧、固土保肥、净化空气、维护生态多样性等多方面生态价值的林业生态系统体系。

(2) 经济方面要从产业体系、产业结构和经营模式等方面入手，实现科学合理的经营思路和方法，最终提高林业的经济效益；在维护林业生态系统的过程中要注重产业的结合发展，加强林业内部第一、二、三产业的共同发展，延伸林业产业生产链，培育出新的林业经济增长点，建立起具有可持续性的林业产业体系。

(3) 社会方面要形成良好的人与林业的关系，实现人类与林业的和谐发展，进而形成良好有序的生态文化，构建生态文明，倡导人与自然和谐相处。林业生态修复的三个方面也是在共同系统中相互促进、相互融合的一个整体概念。

林业生态体系是林业生态系统的基础，该系统首先是在林业生态良好的基础上建立的；林业产业体系是林业生态系统的支柱，能够为林业生态系统的发展提供经济支持和不竭动力；林业文化体系是林业生态系统的保障，形成长久有效的文化体系是构建林业生态系统的最终目的。因此，要促进林业生态系统的全面发展，就要促进林业生态体系、林业产业体系和林业文化体系的共同发展、统筹兼顾、和谐共生。林业生态系统从系统的角度阐述了林业生态的内涵，林业生态修复是根据林业生态系统的内容和构成展开的一系列重建林业生态的生态、经济和社会方面的系统工程，是将遭到破坏的林业生态进行修复的过程。

6.4.2 林业修复原则

林业生态系统的恢复与重建要求在遵循自然规律的基础上，通过人类的作用，根据技术上适当、经济上可行、社会能够接受的原则，使受害或退化的林业生态系统重新获得健康并有益于人类生存与生活的生态系统重构或再生过程。

(1) 珍惜立地潜力，尊重自然力。所谓“立地潜力”，就是指现有立地条件下的自然生长力。近自然林业是以充分尊重自然力和现有生境条件下的天然更新为前提的，是顺应自然条件下的人工对自然力的一种促进。因此，掌握立地原生植被分布和天然演替规律，是近自然林业经营的基础。顺应自然的森林经营，原则上要避免破坏性的集材、整地和土地改良等作业方式，以保护和维持林地的生产力。

(2) 因地适树。近自然林业所指的因地适树，不是我们笼统理解的以种活为原则的“适地适树”。所谓“因地适树”，是指根据立地条件下的原生植被分布规律发现的潜在天然植被类型，选择或培育在现有立地条件下适宜生长的乡土树种。近自然林业倡导使用乡土树种，也不完全排除外来树种，但对外来树种的引进十分谨慎，即使是理论上认为适合现有立地条件群落自然演替的外来树种引入，也需要在局部区域范围内进行充分种植试验和群落适应观察，分阶段小心谨慎地进行。因此，近自然经营下形成自然生态群落的树种应该以本地适生的乡土树种为主，并尽可能提高其比重。

(3) 针阔混交，提高阔叶树的比重。针阔混交搭配可造就生产力高、结构丰富的森林。特别是增加阔叶树种，可为立地提供更多的枯枝落叶腐殖质肥料，增强林地肥力；加上近自然林业保护原有天然植被、顺应自然更新，能更好地增加森林生态系统的生物多样性，有利于建立起更加稳定的植被群落，从而能增强森林生态系统自身对病虫害等自然灾害的消化和控制能力，减少病虫害等自然灾害的发生；同时，增加阔叶树种，可降低植被群落的油脂含量，将更有利于减少和降低森林火灾的发生。

(4) 复层异龄经营。近自然林业要求林分结构要由单层同龄纯林转变为复层异龄混交林。近自然林业在混交造林的基础上，还要求复层异龄经营，复层林的形成主要通过保护原生天然植被、错落树种混交配置和异龄经营等措施来实现，通过择伐和更新促进初级林分的异龄化，进一步增强林分的复层化。复层异龄经营一方面显著提高了林分的抗风灾能力，有利于森林防护功能不间断地持续发挥，另一方面也有利于林分内合理地自然竞争，促进目标树木的生长，不同龄级林木的演替生长，增强了木材生产的可持续供给和森林的可持续经营。

(5) 单株抚育和择伐利用。单株抚育管理和择伐利用的原则，是与复层异龄经营相一致的经营原则，是促进木材生产的可持续供给和森林可持续经营的具体措施，同时意味着持续的抚育管理，且以培育大径级林木为主，使每株树都有自己的成熟采伐时点，都承担着社会效益和经济效益，大大提高了木材经营的质量和森林的综合效益。

6.4.3 林业修复目标

(1) 生态效益指标。结合林业生态工程的主要生态功能，林业生态工程生态效益的评价主要包括涵养水源、固土保肥、固碳释氧、净化环境四大指标。

1) 涵养水源。涵养水源是林业生态系统的重要生态作用之一，主要是指植被能够对降水进行截留、吸收和存储的一系列过程，对于调节水量和净化水质具有重要的作用。很多学者对林木涵养水源功能的评价主要采用水量平衡法，衡量森林在一年中的降水分配情况，从而衡量其调节水量的多少。

①调节水量。调节水量采用如下公式计算：

$$G_{调} = 10A(P - E - C) \tag{6-20}$$

式中，$G_{调}$为林地调节水量功能，m^3/a；P为降水量，mm/a；E为林地蒸发量，mm/a；C为地表径流量，mm/a；A为林地面积，hm^2。

②净化水质。由于林业生态工程在调节水量的同时也一定程度上净化了水质，所以生态系统每年净化水量就是调节的水量，采用计算公式为：

$$G_{净} = 10A(P - E) \tag{6-21}$$

式中，$G_{净}$为林地净化水量功能，m^3/a；P为降水量，mm/a；E为林地蒸发量，mm/a；A为林地面积，hm^2。

2) 固土保肥。由于森林植被能够保证土壤不被雨水或地表水冲走，因此森林具有固土功能，保持水土，同时也能够保留住土壤中的氮磷钾等体现土壤肥力的无机质。因此，评价林业生态系统的固土保肥能力可以从固土和保肥两方面进行。

①森林年固土能力。森林的固土能力主要是通过减少了河流、湖泊、水库中的泥沙量来进行计算的，根据我国主要流域的泥沙沉积规律，全国土壤侵蚀的泥

沙有24%淤积于水库、江河和湖泊。所以，推算过来森林每年固土吨数的计算公式为：

$$G_{固土} = A(X_2 - X_1) \tag{6-22}$$

式中，$G_{固土}$为林地年固土量，t/a；X_1为林地土壤侵蚀模数，t/(hm^2·a)；X_2为无林地土壤侵蚀模数，t/(hm^2·a)；A为林地面积，hm^2。

②森林年保肥能力。森林在固定土壤的同时，也保留住了土壤中的氮磷钾等大量营养物质，对土壤肥力具有重要的保持作用。因此可以通过计算森林固定土壤中的肥力来计算森林的保肥能力，其中的肥力主要是土壤含磷量和含氮量，计算公式为：

$$G_{\mathrm{p}} = A(P + N)(X_2 - X_1) \tag{6-23}$$

式中，G_{P}为减少的磷流失量，t/a；X_1为林地土壤侵蚀模数，t/(hm^2·a)；X_2为无林地土壤侵蚀模数，t/(hm^2·a)；A为林地面积，hm^2；P为土壤含氮量,%。

3）固碳释氧。林业生态系统的固碳释氧功能是指树木在进行光合作用和化学反应的过程中，能够将二氧化碳转化成碳保留在自身或周围的土壤中，并释放出氧气的功能。

①森林植被年固碳量。树木通过光合作用，能够吸收二氧化碳，这就是森林植被的固碳功能。根据化学方程式的测算，森林植被每累积1g干物质，能够吸收1.63g二氧化碳，而二氧化碳中有27.29%的物质为碳。所以，计算林业生态系统固碳能力的公式为：

$$G_{植被固碳} = 1.63R_{碳} B_{年} \tag{6-24}$$

式中，$G_{植被固碳}$为植被固碳量，m^3/a；$R_{碳}$为二氧化碳的含量，$R_{碳} = 27.29\%$；$B_{年}$为林地蓄积量，m^3/a。

②氧气年释放量。树木通过光合作用，在吸收二氧化碳之后将其转化为氧气释放到空气中，增加空气中的氧气含量。根据测算，森林植被每积累1g干物质，能够产生1.19g氧气。所以，计算林业生态系统释氧量的公式为：

$$G_{氧气} = 1.19B_{年} \tag{6-25}$$

式中，$G_{氧气}$为林地年释氧量，m^3/a；$B_{年}$为林地蓄积量，m^3/a。

4）净化环境。森林净化环境功能主要是通过吸收空气中的二氧化硫以及阻滞降尘的方式来体现。本书主要从吸收二氧化硫和阻滞降尘两个指标来计算。

①吸收二氧化硫。树木和植物通过呼吸作用能够将二氧化硫通过自身的组织器官转化成无毒物质，或积累于某一器官，或由根系排除体外。森林和植被在吸收二氧化硫的过程中，能够对大气起到净化作用。因此，计算林业生态系统吸收二氧化硫的公式为：

$$G_{吸收二氧化碳} = Q_{二氧化硫}A \tag{6-26}$$

式中，$G_{吸收二氧化碳}$ 为林地年吸收二氧化硫量，kg/a；$Q_{二氧化硫}$ 为单位面积林地年吸收二氧化硫量，kg/(hm^2·a)；A 为林地面积，hm^2。

②阻滞降尘。阻滞降尘作为林业生态系统重要的生态功能之一，在工业和运输业发展带来负外部性的今天具有现实作用。林业生态系统能够阻滞空气中的颗粒物扩散，减少对人体的危害。其计算公式为：

$$G_{滞尘} = Q_{滞尘}A \tag{6-27}$$

式中，$G_{滞尘}$ 为林地年滞尘量，kg/a；$Q_{滞尘}$ 为单位面积林地年滞尘量，kg/(hm^2·a)；A 为林地面积，hm^2。

(2) 经济效益指标。林业生态修复工程的开展，所带来的效益不仅仅停留在生态效益方面，林业的发展以及林副产品的生产，以及由林业所带来的林业第二、三产业的发展，都是林业生态修复工程的经济效益。林业生态修复工程的经济效益主要分为直接经济效益和间接经济效益两部分。

1) 直接经济效益。直接经济效益是指通过投入带来直接的产出，取得的直接的经济利益。林业生态修复工程的经济效益就是对林业投入所带来的直接的经济收入，包括林业产值、林业增加值等。为了保证数据指标计算的科学性，忽略名义产值的因素，本书运用林业产业贡献率和林业产值增加值两个指标来衡量林业生态工程经济效益中的直接经济效益。林业产业贡献率为：

$$K_{林业产业贡献率} = F/\mathrm{GDP} \times 100\% \tag{6-28}$$

式中，$K_{林业产业贡献率}$ 为林业产业贡献率，%；F 为林业产值，万元；GDP 为国民生产总值，万元。

林业产值增加值为：

$$\Delta F = F_{当年} - F_{上一年} \tag{6-29}$$

式中，ΔF 为林业产值增加值，万元；$F_{当年}$ 为林业产值，万元；$F_{上一年}$ 为上一年度林业产值，万元。

2) 间接经济效益。间接经济效益是某一经济部门或产品在取得经济效益的同时带动其他经济部门或产品的经济效益的变化。林业生态修复的进展也会带来林业相关的第二、三产业的提升，本书将林业产业结构作为衡量间接经济效益的指标，主要采用林业产业结构来衡量林业生态系统在经济效益变动的同时带给其他林业产业部门的变动比例。本书中的林业产业结构主要是指林业第二、三产业占林业总产值比重的大小。

$$K_{林业产业结构指数} = F_{林业第二产业产值}/F \times 100\% \tag{6-30}$$

式中，$K_{林业产业结构指数}$ 为林业产业结构指数，%；$F_{林业第二产业产值}$ 为林业第二产业产值，万元；F 为林业产值，万元。

6.4.4 林业修复方法

退化生态系统的恢复可采用植被措施、工程措施和农业措施，但植被措施是根本。退化生态系统的恢复和重建的主要途径有：封山育林、人工促进更新以及人工树种选择造林等。

（1）封山育林——植被自然恢复。自然恢复是不通过人工辅助手段，依靠退化生态系统本身的恢复能力使其向典型自然生态系统顺向演替的过程。封山育林就是典型的自然恢复方式。亚热带地区，由于自然水热条件比较优越，一般退化生态系统停止后，经过一定时间，就可恢复到地带性的自然生态系统，这也是最有效的恢复方式。但其恢复速度慢，要求自然条件较好；系统内居民少，人为干扰少。封山育林，就是禁止人们对森林植被的继续破坏，对尚存林木及其天然更新能力加以保护，使之得到一定的恢复。同时，针对森林植被的恢复状况，采取适宜的人为促进或改造措施，使其迅速成林并符合人们的培育目的。同时封山育林是借助植物自然繁殖能力在封禁后植物朝进展方向演替的规律，把遭到破坏后留有的疏林、灌草和荒山迅速封禁起来，又施加人为的补植、补播、防止火灾等育林措施，人工压缩更替期和加速森林群落的演替进程，从而达到恢复和发展森林资源、发挥森林多种效益的目的。封山育林是我国劳动人民培育森林的传统方法，由于去除了人为干扰，遵循了森林更新和演替规律，对恢复森林资源和生态平衡、促进群落演替发展有不可替代的作用。封山育林的主要对象是次生林和次生林受到严重破坏形成的残林迹地、生有稀疏乔木和幼树的灌丛地、有防护意义的疏林地以及乡镇周围期望封育成林的灌木林多代萌丛等。封山育林的技术措施应做到对象适宜，及时封护，积极培育和育改结合，灵活应用造林、经营等有关技术。

（2）现有人工林天然更新。现有人工林天然更新主要是依靠自然力来对人工林进行更新，在自然更新的基础上，通过研究人工林的更新规律，再辅以人为措施，促进人工林的天然更新。人工林天然更新措施，即在人工林栽种成林后，利用自然力进行更新，发挥保持水土和改善生态环境功能。这其中需要注意的是，针对人工林天然更新的幼株空间分布格局、人工林天然更新技术、人工林生物量的测定、养分年动态研究、适生立地条件初步研究、低产林形成原因及改造途径探讨、优树选择标准和方法研究、次生林中物种分布格局的分形特征与人工凋落物分解动态，对于人工林的天然更新和人工林天然更新特点及其影响因子等问题的研究与管理尤为重要。

（3）人工促进植被恢复。造林树种选择为了加快喀斯特石质山地植被自然恢复速度，提高森林覆盖率，需要采取一些有效的人工促进措施。封山育林的同时，补植一些目的树种，加速森林植被的恢复进程。该模式具有投资少、成本低、见效快的优点，这对贫困、自我发展能力较低、资金投入较少的喀斯特地区更为合适，在土层浅薄、植物繁殖体丰富、属零星土体和石漠化立地类型的急坡地上，退耕后自然植被容易恢复，可采用人工促进天然更新模式。充分利用造林地现有植物的方法，营造的人工林可以形成多层结构的混交林，虽然有些现有树种并不能形成生产力，对病虫害都有良好的生态作用，能提高人工林的稳定性，维护地力，而且如果经营得当，也有利于目的树种生长。从生态学和生物多样性理论来看，选择适宜的树种，特别是乡土树种是封山育林和生态恢复能否成功的关键。一般地区选择树种应优先考虑优良乡土树种，它们是长期适应该地区条件而发展起来的树种，具有适应性强、生长相对稳定、抗性强、繁殖容易的特点。根据本地自然生态条件和林业生态建设的需要以及迫切需要发展林业经济的实际，选择造林树种为刺槐、南酸枣、香椿、青檀、楸树、冰脆李、榆树、核桃。将这些树种进行田间栽培比较试验，从而选出比较优秀的树种进行栽植，人工促进该地区的植被恢复。

参 考 文 献

[1] 何御舟. 北京农村地区卫生厕所现状及影响因素分析［D］. 北京：中国疾病预防控制中心, 2016.

[2] 尚广俊. 基于规划视角的村镇固体废弃物和农村生活污水治理研究［D］. 郑州：河南农业大学, 2010.

[3] 周宇坤. 云南省小城镇污水处理存在问题及对策研究［D］. 昆明：昆明理工大学, 2015.

[4] 中华人民共和国住房和城乡建设部. 民用建筑设计统一标准（GB 50352—2019）［S］. 北京：中国建筑工业出版社，2019.

[5] 中华人民共和国住房和城乡建设部. 城市公共厕所设计标准（GJJ 14—2016）［S］. 北京：中国建筑工业出版社，2016.

[6] 中华人民共和国卫生部. 粪便无害化卫生要求（GB 7959—2012）［S］. 北京：中国标准出版社，2012.

[7] 中华人民共和国卫生部. 农村户厕卫生规范（GB 19379—2012）［S］. 北京：中国标准出版社，2012.

[8] 中华人民共和国生态环境部. 恶臭污染物排放标准（GB 14554—1993）［S］. 北京：中国标准出版社，1993.

[9] 中华人民共和国建设部. 节水型生活用水器具（CJ/T 164—2014）［S］. 北京：中国标准出版社，2002.

[10] 中华人民共和国住房和城乡建设部. 建筑给水排水设计标准（GB 50015—2019）［S］. 北京：中国计划出版社，2020.

[11] 辽宁省建设厅. 建筑给水排水及采暖施工质量验收规范（GB 50242—2002）［S］. 北京：中国建筑工业出版社，2012.

[12] 中华人民共和国住房和城乡建设部. 建筑排水金属管道工程技术规程（CJJ 127—2009）［S］. 北京：中国建筑工业出版社，2009.

[13] 中华人民共和国住房和城乡建设部. 建筑排水用柔性接口承插式铸铁管及管件（CJ/T 178-2013）［S］. 北京：中国标准出版社，2013.

[14] 中华人民共和国住房和城乡建设部. 村庄污水处理设施技术规程（CJJ/T 163—2011）［S］. 北京：中国建筑工业出版社，2012.

[15] 中华人民共和国住房和城乡建设部. 镇（乡）村排水工程技术规程（CJJ 124—2008）［S］. 北京：中国建筑工业出版社，2008.

[16] 国家环境保护局、国家技术监督局. 污水综合排放标准（GB 8978—1996）［S］. 北京：中国环境科学出版社，1998.

[17] 中华人民共和国国家质量监督检验检疫总局、中国国家标准化管理委员会. 排水用柔性接口铸铁管、管件及附件（GB/T 12772—2016）［S］. 北京：中国标准出版社，2008.

[18] 中华人民共和国建设部、国际质量监督检验检疫总局. 建筑结构可靠度设计统一标准（GB 50068—2018）［S］. 北京：中国建筑工业出版社，2019.

[19] 中华人民共和国住房和城乡建设部. 湿陷性黄土地区建筑规范（GB 50025—2018）［S］.

北京：中国计划出版社，2019.

[20] 王晓楠. 城市居民垃圾分类行为影响路径研究——差异化意愿与行动 [J]. 中国环境科学，2020，40（08）：3495~3505.

[21] 孙晓杰，王春莲，李倩，等. 中国生活垃圾分类政策制度的发展演变历程 [J]. 环境工程，2020，38（08）：65~70.

[22] 王丹丹，訾利荣，付帅帅. 城市生活垃圾分类回收治理激励监督机制研究 [J]. 中国环境科学，2020，40（07）：3188~3195.

[23] 贾亚娟，赵敏娟. 农户生活垃圾分类处理意愿及行为研究——基于陕西试点与非试点地区的比较 [J]. 干旱区资源与环境，2020，34（05）：44~50.

[24] 李青青. 基于健康风险的土壤修复目标研究程序与方法——以多环芳烃污染土壤再利用工程为例 [J]. 生态与农村环境学报，2010，26（06）：610~615.

[25] 邱汉周. 淮南潘集煤矿区植被恢复模式及其土壤修复效应研究 [D]. 长沙：中南林业科技大学，2012.

[26] 蒋世杰，翟远征，王金生，滕彦国. 基于保护地下水的土壤修复目标层次化制订方法 [J]. 环境科学研究，2016，29（02）：279~289.

[27] 龚凌. 德州市水污染防治与水生态改善策略研究 [D]. 青岛：中国海洋大学，2015.

[28] 钱磊. 水体水环境生态修复技术研究 [D]. 长春：吉林大学，2016.

[29] 周彬. 西南林区天然林资源动态及恢复对策研究 [D]. 北京：中国林业科学研究院，2011.

[30] 侯修升. 林业生态修复对农业与农村可持续发展的影响研究 [D]. 银川：宁夏大学，2017.

冶金工业出版社部分图书推荐